普通高等教育"十二五"规划教材

FORGE 塑性成型有限元模拟教程

主 编 黄东男

副主编 陈 林

U0313421

北 京

冶 金 工 业 出 版 社

2015

内 容 提 要

　　法国的 FORGE 是金属材料塑性成型领域的一款专用的有限元数值模拟软件。为了使国内企业和科研院所从事数值模拟研究的人员方便快捷地掌握该软件的应用方法，内蒙古工业大学联合该软件国内代理商北京扩世科技有限公司，对 FORGE 2011 进行了汉化，推出了 FORGE 2011 软件中文版。本书为该软件的应用教程。

　　全书共分 10 章，包括了自由锻、模锻、辊锻、辗环、挤压、冷冲压等基本塑性加工的模拟分析以及典型的热处理分析。

　　本书为高等院校相关专业学生学习该软件的指导教材，也可供塑性加工领域的工程技术人员、科研院所的研究人员参考阅读。

图书在版编目（CIP）数据

　　FORGE 塑性成型有限元模拟教程/黄东男主编 . —北京：冶金工业出版社，2015.1

　　普通高等教育"十二五"规划教材

　　ISBN 978-7-5024-6808-8

　　Ⅰ. ①F…　Ⅱ. ①黄…　Ⅲ. ①金属压力加工—塑性变形—有限元法—高等学校—教材　Ⅳ. ①TG3

　　中国版本图书馆 CIP 数据核字（2014）第 276878 号

出 版 人　谭学余
地　　　址.北京市东城区嵩祝院北巷 39 号　邮编　100009　电话　(010)64027926
网　　　址　www.cnmip.com.cn　电子信箱　yjcbs@cnmip.com.cn
责任编辑　贾怡雯　美术编辑　吕欣童　版式设计　孙跃红
责任校对　石　静　责任印制　李玉山
ISBN 978-7-5024-6808-8
冶金工业出版社出版发行；各地新华书店经销；三河市双峰印刷装订有限公司印刷
2015 年 1 月第 1 版，2015 年 1 月第 1 次印刷
169mm×239mm；12.25 印张；239 千字；186 页
32.00 元

冶金工业出版社　投稿电话　(010)64027932　投稿信箱　tougao@cnmip.com.cn
冶金工业出版社营销中心　电话　(010)64044283　传真　(010)64027893
冶金书店　地址　北京市东四西大街 46 号(100010)　电话　(010)65289081(兼传真)
冶金工业出版社天猫旗舰店　yjgy.tmall.com
　　　　　　　　（本书如有印装质量问题，本社营销中心负责退换）

前　言

　　金属塑性成型作为金属加工的主要方法，具有生产效率高、材料利用率高、成型后组织性能好等优点，因此被广泛应用于工业制造中。近年来，随着社会经济的发展，传统的塑性加工技术正向以净成型和近净成型为目标的精密塑性成型技术发展。与此同时对塑性加工技术提出了更高的要求，采用传统的解析方法与依靠工程类比和模具设计师个人经验试错的方法，已经很难满足制品性能的要求。因此以数值模拟取代部分试验，已成为研究复杂构件精确成型过程、制定合理模具结构、优化工艺、奠定成型理论的最有效手段。

　　目前在塑性成型领域主要应用软件有美国的 DEFORM、ABAQUS、MARC，俄罗斯的 QFORM 以及法国的 FORGE。法国的 FORGE 是金属塑性成型过程的专用有限元模拟软件，其功能强大、自动网格划分和再生技术稳定、计算精度及效率高，更加适用于复杂零件塑性成型过程分析。该软件不但可模拟普通的冷锻、温锻、热锻成型，同时还可以模拟辊锻、辗环、径向锻造、挤压、轧制、剪切、冲孔等特殊成型工艺，并且可以按成型工序过程（下料—制坯—成型—切边—热处理）进行建模及模拟分析。

　　美国和俄罗斯的模拟软件由于进入国内比较早，应用范围较广，已有使用教程，而法国的 FORGE 软件近年来国内才开始接触，尚没有使用教程，为了让用户尽快了解熟悉 FORGE 软件操作及使用方法，特编写了该教程。

　　本书阐述了数值模拟技术在塑性成型过程中的地位及应用，并在此基础上通过典型的成型实例对 FORGE 的使用操作过程进行了讲解。

旨在让读者了解几何模型构建、边界条件施加、工艺参数选择、模拟结果分析、多工序的模拟设置、热处理分析等基本的模拟流程。

本书由内蒙古工业大学黄东男担任主编，北京扩世科技有限公司陈林担任副主编。参编人员包括内蒙古工业大学的左壮壮、李有来、徐宁。其中黄东男编写第3章、第5~8章，陈林编写第1~2章，左壮壮编写第9~10章，李有来、徐宁编写第4章。全书由黄东男统稿，陈林对所有模拟案例进行审核。

感谢国家自然科学基金，内蒙古自治区自然科学基金、内蒙古工业大学科学研究项目对本书出版提供的资助。

由于编者水平所限，书中难免存在疏漏及缺点，敬请广大读者、同行批评指正。

编　者
2014 年 10 月

目　录

1 概　　述

1.1　金属塑性成型技术的特点

金属塑性成型是金属加工主要方法之一，即在外力作用下，利用金属塑性，通过模具使金属坯料加工成形状和尺寸符合需求的工件制品的加工技术，也称金属塑性加工或金属压力加工。主要具有以下特点：

（1）有效改善和控制金属的组织与性能。金属材料经过相应的塑性成型后，其组织、性能都能得到改善和提高，特别是对于铸造组织，效果更为显著。

（2）尺寸精度高。近年来，应用先进的技术和设备，用塑性成型方法获得的零件已经达到少切削甚至无切削的要求，实现了近净成型甚至净成型。如精密锻造的伞齿轮，其齿形部分精度可不经切削加工直接使用；精密锻造的叶片的复杂曲面可达到只需要采用磨削加工的精度。

（3）原材料消耗少。金属塑性成型过程是靠金属在塑性状况下的体积转移，其过程不产生切削，只有少量的工艺废料，因而材料利用率高。

（4）生产效率高。如在 120000kN 机械压力机上锻造汽车用六拐曲轴仅需40s；在曲柄压力机上压制一个汽车覆盖件仅需几秒；拉丝机的拉拔速度达到20m/s 以上。

1.2　金属塑性成型方法分类

按照金属成型特点，塑性成型分为体积成型和板料成型两大类。体积成型主要包括轧制、拉拔、挤压、锻造等，板料成型主要指冲压，见表 1-1。

表 1-1　塑性成型方法分类

序号	成型方法	工序简图	变形区域（阴影区）	变形区主应力图	变形区主变形图	变形区塑性流动性质
1	轧制		轧辊间			变形区不变稳定流动

序号	成型方法	工序简图	变形区域（阴影区）	变形区主应力图	变形区主变形图	变形区塑性流动性质
2	拉拔		模子锥形腔			变形区不变稳定流动
3	挤压		接近凹模口			变形区不变稳定流动
4	自由锻		全部体积			变形区变化非稳定流动
5	模锻		全部体积			变形区变化非稳定流动
6	拉深		压边圈下板料			变形区变化非稳定流动

　　轧制是金属锭料或坯料通过两个旋转轧辊的特定空间的压缩，获得一定截面形状工件的塑性成型方法。主要生产型材、板材、带材、管材等。

　　拉拔是在拉应力的作用下，把金属坯料从一定形状和尺寸的模孔中拉出，从而获得断面符合需求的型材、线材和管材等。

　　挤压是对放在容器（挤压筒）内的金属坯料施加外力，使之从特定的模孔中流出，获得截面形状和尺寸符合需求的一种塑性加工方法。

　　锻造是利用锻压机械对金属坯料施加压力，使其产生塑性变形，获得具有一定力学性能、形状尺寸的锻件的加工方法。通常分为自由锻和模锻两大类。自由锻一般是在锤或水压机上，利用简单的工具将金属锭料或块料锻成特定形状和尺寸的加工方法，如平砧镦粗，尺寸精度和生产率低，适用于小批量生产；模锻是在模锻锤或热模锻压力机上利用模具来成形，精度高，生产率高，适用于大批量生产。

1.3 金属塑性成型数值模拟技术

1.3.1 塑性加工模拟重要性

金属塑性成型加工是制造工业的重要组成部分，广泛应用于工业制造中。据不完全统计，世界上75%的钢材经过塑性成型加工；汽车行业中塑性成型件占60%以上；在冶金、航空、船舶、军工等工业生产中也都占有相当的比例。成型技术是现代工业生产技术的支柱，生产能力和工艺水平，对一个国家的工业、农业、国防和科学技术所能达到的高度影响很大。

金属塑性成型时，材料特性、变形速度、温度、摩擦条件、坯料形状及尺寸、模具形状等因素对成型过程都有一定影响。因此金属塑性成型过程是复杂的非线性问题，包括材料非线性（应力与应变之间的非线性）、几何非线性（应变与位移之间的非线性）和边界的非线性（边界条件随变形发生变化，如摩擦和接触边界）。因此塑性加工问题采用传统的解析方法，如主应力法、滑移线法、均匀变形能法等很难计算；而对于塑性成型过程的工艺参数确定和模具结构设计，目前大多企业所采用的试错法，也具有周期长、成本高、效率低的缺陷。

近年来，随着社会经济的发展，传统的塑性加工技术正向以净成型和近净成型为目标的精密塑性成型技术发展。与此同时对塑性加工提出了更高要求，要获得高质量和高尺寸精度的塑性加工制件，必须提高塑性加工技术的科学化和可控化水平。与传统的塑性成型工艺相比，现代塑性加工技术对毛坯和模具设计以及金属塑性流动控制等方面的要求更高，所以采用传统的解析方法与依靠工程类比和模具设计师个人经验的试错法方法，很难满足制品性能要求。引入以计算机为工具的现代设计分析手段已经成为人们的共识。从20世纪80年代以来，CAD和CAE等单元技术开始运用到塑性成型工艺分析、规划及模具设计上，如图1-1所示。作为该系统的必要支撑技术，数值模拟技术早已受到各国尤其是发达国家的高度重视。国外已推出不少塑性成型模拟软件，如美国的DEFORM、ABAQUS、MARC，俄罗斯的QFORM，法国的FORGE等。目前以数值模拟取代部分试验，已成为研究复杂构件精确成型过程、制定合理模具结构、优化工艺、奠定成型理论的最有效手段。

1.3.2 有限元法的发展及应用

塑性加工的分析方法大致可以分为三类：首先是解析法，主要包括主应力法、滑移线法和上限法，它们都属于塑性力学中的经典解法；其次实验/解析法，即实验与解析的综合方法，有相似理论法和视塑性法；最后是数值法，它是随着

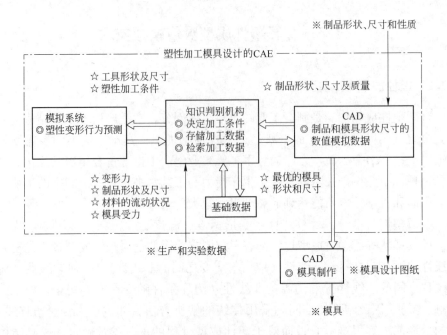

图 1-1　塑性加工模具设计 CAE

计算机的发展和应用而产生的，包括有限元法、有限差分法和边界元法。如图 1-2所示，其中有限元法是一种广泛使用的方法。

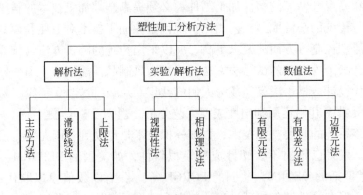

图 1-2　塑性加工分析方法

用有限元法（FEM）对金属成型过程进行数值模拟，起源于 20 世纪 60 年代，开始时主要是对二维结构问题进行数值计算，后来把它的应用扩展到能建立变分公式的广泛领域，成功地用于分析许多不同形式的边值问题。早期的研究工作中，用此法对小塑性应变问题进行模拟，R. Hill 开创了大变形的理论基础研究，S. Kobayashi 和 C. H. Lee 于 70 年代提出了基于变分原理的刚塑性有限元方法。刚塑性有限元法较适合分析对应变速率不敏感的体积成型问题，而对变形速度有较大敏感性的材料加工过程的模拟，选用黏塑性本构关系比较合适，相应地发展了刚黏塑性有限元法。

有限元法功能强、精度高、解决问题的范围广，可以用不同形状、不同大小和不同类型的单元来描述任意形状的变形体，适应于任意速度边界条件，可以方便合理地处理模具形状、工件与模具之间的摩擦、材料硬化效应、温度等各种工艺参数对成型过程的影响，能够模拟整个成型过程中的金属流动规律，获得成型过程中任意时刻的力学信息和流动信息，如应力场、应变场、位移场、速度场、温度场以及预测缺陷的生成与扩展等。因此，用有限元法模拟塑性成型过程已成为塑性成型理论研究的中心问题。

金属成型领域的有限元法大致分为两类，首先是固体型塑性有限元（solid formulation），包括弹塑性有限元和弹黏性有限元，这类有限元同时考虑弹性变形和塑性变形，弹性区域采用 Hooke 定律，塑性区域采用 Prandtl-Reuss 方程和 Mises 屈服准则，对于小塑性变形所求未知量是单元节点位移，适用于分析构件的失稳、屈服等工程问题。对于大塑性变形，采用增量法分析。这类有限元的特点是考虑弹性区和塑性区的相互关系，既可分析加载过程，又可分析卸载过程，包括计算残余应力、应变、回弹以及模具和工件之间的相互作用，可以处理几何非线性和非稳态问题，其缺点是所取步长不能太大，计算工作量繁重，累积误差大，对于非线性硬化材料计算复杂。

其次是流动型塑性有限元（flow formulation），包括刚塑性有限元和刚黏塑性有限元。刚（黏）塑性有限元法不计弹性变形，采用 Levy-Mises 方程作为本构方程，满足体积不变条件，采用 Newton-Raphson 迭代方法求解，求解变量为单元节点的速度增量，适用于各类冷态体积成型问题的分析，刚黏塑性有限元视变形体为连续介质非牛顿流体，适用于速率敏感材料热成型过程的热力耦合分析。刚（黏）塑性有限元可取较大的增量步长，计算工作量较小，精度较高，并避开了几何非线性问题，因而能够模拟复杂的大变形过程，但不能计算弹性变形和卸载过程，无法求得残余应力、应变和回弹。

一般而言，弹塑性有限元适合于分析板料成型，如拉延、弯曲、缩口等工艺，刚塑性有限元法适合冷加工锻造过程的体积成型问题，刚黏塑性有限元适用于分析锻造、挤压、冲压、轧制等大变形的体积成型问题的热加工过程。

塑性有限元法在塑性加工方面的应用与发展，大致有两个方向。一是分析塑性加工的各种不同工序，以获得变形力、金属流动规律、微观组织演变等的有关数据；另一方面是在此过程中，不断丰富和发展有限元的理论和技术，为该方法开拓新的用途。

1.3.3　有限元模拟的注意事项

1.3.3.1　有限元计算步骤

采用如法国的 FORGE、美国的 DEFORM、俄罗斯的 QFORM 等商用软件进行模拟时，主要分为三个阶段。第一是前处理阶段，用户输入坯料、模具等几何模型参数，对几何模型进行有限单元网格划分，坯料和模具的材料信息，初始工艺条件和边界摩擦条件，设置坯料和模具相对位置、接触条件和运动条件。第二步为模拟阶段，设定成型模拟的各项计算参数和控制参数，如静力或动力求解方法，设置计算增量步长，间隔输出的计算结果，检查生成计算数据文件后，进行模拟计算。第三步对计算结果提取分析阶段，用云图或等值线图显示应力-应变场、温度场、金属流速场等。还可提取数据绘制行程与力、温度等的历史曲线等。

1.3.3.2　影响模拟精度的主要因素

（1）几何模型的构建。坯料和模具结构尺寸的二维或三维实体模型与实际情况的相符程度，简化是否合理。

（2）材料模型构建。金属材料塑性变形过程，一方面取决于变形条件，如温度、应变速率、应力应变的历史；另一方面取决于材料本身，如化学成分、夹杂、微观组织等。因此模拟时的材料模型本构函数关系与实际材料真实性能差别的大小就是影响模拟精度的首要关键因素。

（3）动态接触边界条件的处理。金属塑性成型时工件与模具的接触边界随时间变化，是动态的接触边界条件。其处理和计算涉及接触与脱离搜索方法、判断准则、法向接触力计算方法等。同时由于始终是动态接触过程，工件与模具不同部位接触的摩擦机理未必相同，所以根据实际情况合理设置各部位摩擦条件也是保证模拟精度的关键之一。

复习思考题

1-1　简述塑性成型数值模拟的基本方法。

1-2　简述常用的数值模拟软件及优缺点。

1-3　影响塑性成型模拟精度的主要因素有哪些？

2 FORGE 软件

2.1 简　　介

FORGE 2D 软件由 SNECMA 公司和法国 Ecole des Mines de Paris 大学联合研究，在 1989 年开始应用在塑性成型领域。FORGE 3D 软件由法国 PEUGEOT S. A. 公司、FORGES DE COURCELLES 公司、SAFE ASCOMETAL 公司、意大利的 TEKSID 公司、Ecole des Mines de Paris 大学等机构联合开发。FORGE 2011 由 FORGE 2D 和 3D 合并而成，是由世界数值模拟研讨大会的创始者，CEMEF（材料成型研究中心）研发。目前由法国的 TRANSVALOR 公司负责全球销售。

2.2　功能及特点

FORGE 软件主要由前处理器和网格生成器 GLPre、求解器 solver 2D/3D、后处理器 GLview Inova、材料数据库、设备数据库等构成。二维模式下，需导入 IG-ES 和 DXF 格式二维几何图形；三维模式下，需导入 STL，STEP/STP 等格式文件。可用 AutoCAD、SolidWorks、UG、Pro/E、CATIA 等行业常用软件绘制几何模型。软件可对几何图形进行总体有限元网格划分，局部网格细化，手动网格划分，边缘切割，节点居中或删除。

软件可对冷锻、温锻、热锻、冲压、切削、热处理等工艺进行二、三维模拟。热锻变形模拟时使用热-黏塑定律。温锻和冷锻变形模拟使用热-弹-塑模型，并可模拟残余应力。软件具有稳定的自动网格生成和再生技术，更加适用于复杂零件的三维网格划分。

FORGE 软件可在 Windows 95/98/2000/XP/NT/Vista/7 以及 Linux 系统环境下运行，支持 32 位和 64 位多种语言操作系统。三维 FORGE 软件并行/集群版本，最多支持 128 位 CPU 的并行处理计算，极大提高了计算效率。

FORGE 软件能对锻造生产剪切下料、加热、辊锻、楔横轧、辗环、热锻、冷锻、切边等各个过程进行模拟分析。同时 FORGE 可以对金属材料的奥氏体化过程、正火、回火、退火、淬火等热处理过程进行模拟，并可模拟成型过程的动态再结晶过程。其主要模拟功能见表 2-1。

表 2-1　主要模拟功能

(1) 材料流动 　　解析接触模具距离 　　解析速度和位移	(2) 零件成型过程中参数变化 　　温度分布 　　应力和残留应力变化 　　应变分布 　　纤维变化 　　晶粒度变化
(3) 零件缺陷 　　折叠 　　裂纹 　　充不满	(4) 自动优化功能 　　坯料尺寸自动优化 　　晶粒度自动优化
(5) 最终几何形状 　　回弹 　　模具变形 　　工件成型	(6) 结果输出格式 　　视频格式 　　云图格式 　　流线格式 　　等值线格式 　　曲线格式 　　自动生成报告

FORGE 软件系统中采用标准的端淬试验逆向验证优化淬火介质性能,帮助用户准确获得热处理介质性能。软件系统中有液压机、机械压力机、曲柄压力机、螺旋压力机、锻锤、辗环机、组合模具和特种锻压设备等。含有多种标准的锻造和模具材质、润滑剂数据库,并且用户可根据自己需求进行更新和扩充数据库。

2.3　模　块　结　构

FORGE 软件的启动界面主要包括【前处理】、【计算】、【后处理】、【设定】和【帮助】五大模块。点击图标快捷方式 ,弹出如图 2-1 所示的启动窗口。

2.3.1　前处理

前处理由【GLPre】、【Qcad】、【工具】三个模块组成。主要功能是建立有限元模拟的几何模型,定义工件与模具网格划分、材料属性、边界条件、初始工艺参数条件等。

图 2-1　启动窗口

（1）【GLPre】分为【新建工程】和【打开当前工程】，如图 2-2 所示。【新建工程】选项可打开主图形界面，创建新模拟工程。【打开当前工程】功能是打开已经存在的模拟前处理文件，对其参数设置进行编辑和修改。

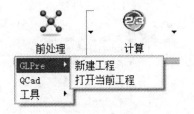

图 2-2　GLPre 命令窗口

（2）【Qcad】选项可打开、修改和绘制二维 CAD 图，如图 2-3 所示。

（3）【工具】包括【流变数据库】、【TTT Diagram Generator】、【刚性压机计算】、【记事本编辑器】、【打开 DOS 窗口】五个选项，如图 2-4 所示。

【流变数据库】选项可打开系统中自带的材料流变数据 FPD-Base，该软件包含了多种常见的材料流变数据，例如打开锰钢材料的数据文件，如图 2-5 所示。

【TTT Diagram Generator】选项打开 TTT 数据库界面，通过定义各元素的含量以及材料的初始晶粒度，即可得出合金的 TTT 曲线，用于定义材料属性。

【刚性压机计算】选项有助于估算或转换压力机刚度。该选项分为两种单位

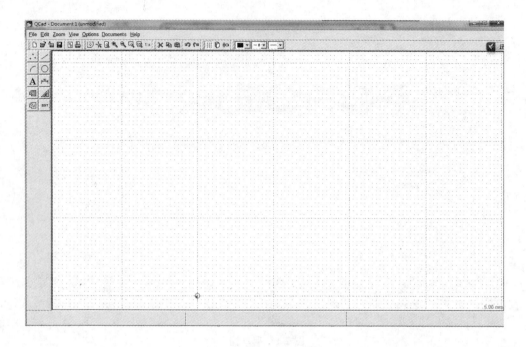

图 2-3 Qcad 命令窗口

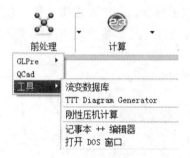

图 2-4 工具命令

制度，一种是国际单位，另一种为美制单位。

【记事本编辑器】选项打开当前项目目录，用 Microsoft Windows Notepad 编辑器打开数据文件。主对话框也可让操作者在众多可用文件类型列表中选择，该窗口可以用来编辑压机模板、材料文件、摩擦文件等热交换文件，并可自己编辑定义文件。

【打开 DOS 窗口】选项可在当前目录打开标准 MS-DOS 命令窗口。通过 DOS 命令可对当前模拟的相关文件进行管理。例如，打开某个文件，或者删除某个文件。

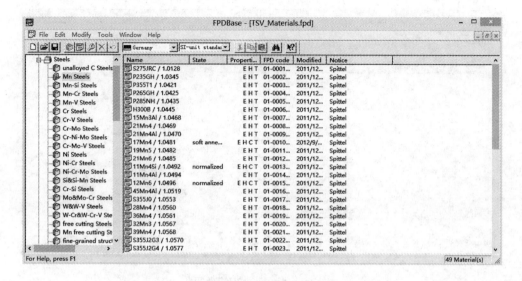

图 2-5　流变数据库

2.3.2　计算

【计算】模块分为【批处理文件管理器】、【账户配置】、【文件管理器】及【注册用户解算器】4 个选项，如图 2-6 所示。

（1）【批处理文件管理器】可批次加载、重启和停止模拟计算以及批次存档，同时，状态信息框可显示所选模拟的当前进度，如图 2-7 所示。

（2）【账户配置】选项。在安装完成软件之后，通过给解算器设置一个用户名和密码，输入密码解算器才能进行运算，如图 2-8 所示。这里的用户名和密码必须跟计算机的用户名和密码相同。当更改计算机的密码时，此处的密码也要做相应的更改。

图 2-6　计算模块

（3）【文件管理器】选项。可管理结果文件并删除某计算步长的结果文件，然后重新设定计算步长。删除具体步长的结果文件可进行如下操作：

首先，要在【transvalor solution】启动器中选中已存在模拟结果，打开【文件管理器】，如图 2-9 所示。模拟文件的全部增量包括高度、时间等计算信息列表，均出现在窗口中，从已存储的增量列表中通过人工选中某一增量，点击向下按钮将所选文件添加到删除列表中，用向上按钮从第二个列表中删除文件。

如选择增量 10，则点击按钮"从"，即从 10 开始的所有增量都添加到了删

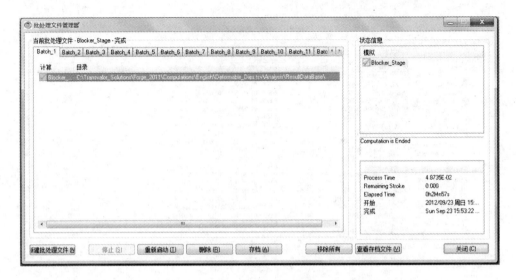

图 2-7 批文件处理管理器

图 2-8 账户配置窗口

除列表。点击清除全部以删除所有增量。【清除所选】用于删除列表中所有选中文件,【删除文件】用于删除选中的某个文件。

该操作主要是删除模拟中失真的步长增量,同时可重新设置前处理,在此基础上进行计算,不需要从头重新开始计算。

(4)【注册用户解算器】选项,可允许用户设定多个解算器,如图 2-10 所示。点击【添加】按钮,打开【增加用户解算器】对话框,在【解算器名称】栏里,新建名称,选择支持平台和软件,通过文件浏览命令,设定解算器可执行文件路径和名称。同理,设定用户子程序文件路径及名称,如图 2-11 所示。点击【注册】,再点击【关闭】,对话框关闭。

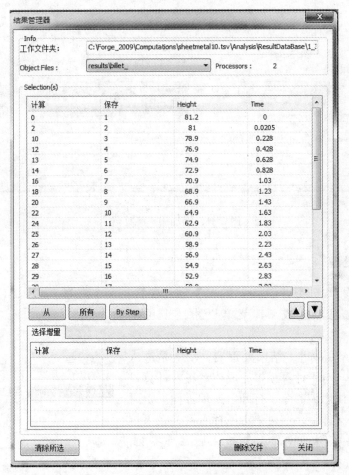

图 2-9 结果管理器

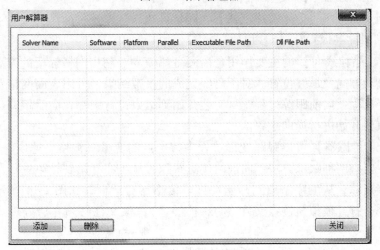

图 2-10 用户解算器

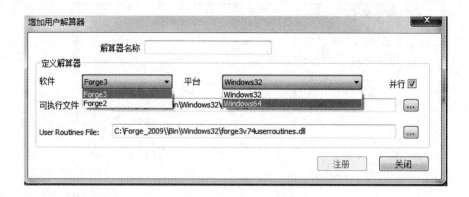

图 2-11   增加用户解算器

2.3.3   后处理

后处理模块分为【GLview Inova】和【工具】两个部分，如图 2-12 所示。只有当前模拟已经完成，其菜单栏才处于可用状态。

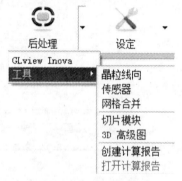

图 2-12   后处理模块

【GLview Inova】，结果处理器，功能是进入后处理模块。对于计算模拟完成或者正在计算过程中都可以使用该命令，打开后处理界面。也可以模拟结果文件上，通过单击鼠标右键，在下拉菜单中选择【GLview Inova】进入后处理界面，如图 2-13 所示。

【工具】下拉菜单中包括【晶粒线向】、【传感器】、【网格合并】、【切片模块】、【3D 高级图】、【创建计算报告】、【打开计算报告】。

（1）【晶粒线向】的主要作用是监测金属流动。利用网格标记的方法，确定金属的流动方向及最终位置。对于已经完成的模拟结果，可用表面网格及流线来跟踪形变过程：向前跟踪过程，从工艺开始到结束进行跟踪；向后跟踪过程，从工艺结束到开始进行逆向跟踪。

（2）【传感器】可以跟踪变形过程中特定点的变量（温度、速度、压力等）轨迹。主要有两种跟踪方法：向前轨迹点跟踪，从工序开始到结束进行跟踪；向后轨迹点跟踪，从工序结束到开始。打开传感器对话框，如图 2-14 所示，单击浏览命令，打开模拟轨迹点文件（.txt 扩展名），该文件必须在后处理结果中预先创建。

设置轨迹点类型，移动传感器（拉格朗日法，即网格一起移动）或者固定

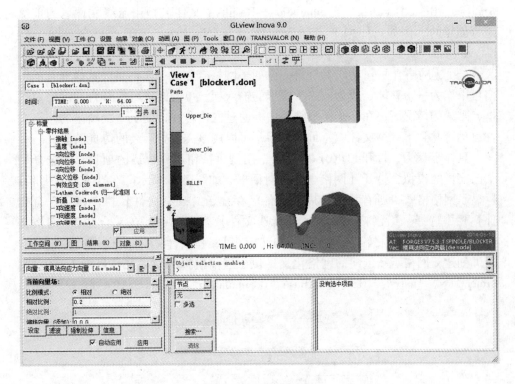

图 2-13 后处理界面

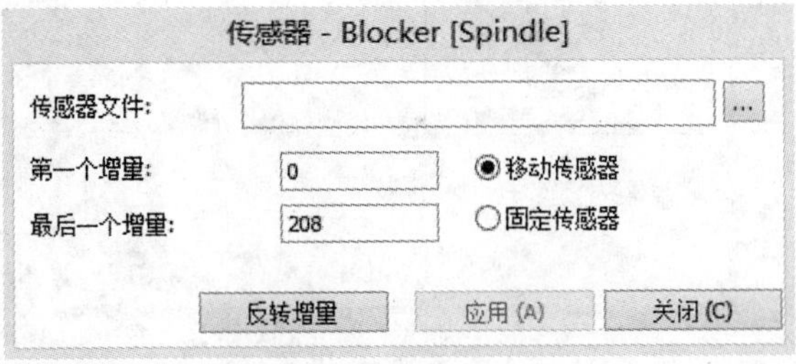

图 2-14 传感器对话框

传感器（欧拉法，即空间相对固定），在【第一个增量】域设置初始增量，应该
设为0。在【最后一个增量】域设定最终增量，最终计算完的增量数。如果第一
个增量数小于最后增量，将执行向前的轨迹点计算。如果第一个增量数大于最后
增量，将执行向后的轨迹点计算。后处理定义轨迹点，第一个增量须为可视化增
量。设置完成后点击【应用】命令，这个阶段，不同轨迹点位置的不同变量将
在每个时间步距进行估算，这个过程可能需要花费一些时间。计算完成后关闭对
话框。新创建的.VTF文件位于当前模拟的结果文件内，例如：Project. tsv、

Analysis、ResultDataBase、1_Simulation、Results。文件名是用流线文件名为前缀进行创建的，例如：如果节点列表文件为 my_list. txt，. VTF 文件名就是 my_ list. vtf。

（3）【网格合并】功能就是将一系列子网格合并成一个网格，这样合并的网格可以作为一个整体，成为下一步模拟的输入项。单击链接可打开合并网格对话框，默认的情况下，在一个模拟结果中，通过网格合并，使上一个增量的网格文件自动合并到下一个文件中，重命名后，可以用该文件做后续的仿真模拟。

具体步骤为，打开 FORGE 启动器，用浏览按钮选择合适的项目，并选择一个已完成的模拟，打开【网格合并】对话框，如图 2-15 所示。在【文件扩展名】栏显示网格格式，所有相关扩展名文件已存在于【现有文件】栏，在【现有文件】栏中选择一组网格。导入到【所选文件】栏列表中，在【合并 3D 网格文件：（无扩展名）】栏输入名称，点击【应用】，弹出计算对话框，计算数分钟，即可创建新网格。新创建的网格化文件位于当前模拟的结果文件目录下，例如：Project. tsv、Analysis、ResultDataBase、1_Simulation、Results。

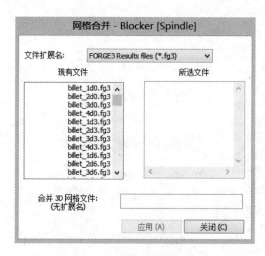

图 2-15　网格合并对话框

（4）【切片模块】是用于将网格文件切割为相连的片段，通过在不同的增量之间比较一个给定片段的体积变化，可判断锻造中片段之间是否有材料流动。对话框打开后，出现如图 2-16 所示的窗口。

（5）【3D 高级图】，对于某个已经完成的模拟，打开【3D 高级图】对话框，如图 2-17 所示，通知设置各选项，利用 VTF 可执行文件能够创建各种结果之间的曲线图。

（6）【创建计算报告】能够快速系统地将模拟后处理分析的结果以 word 或 ppt 的形式输出。打开 FORGE 启动器，选择某个已完成的模拟，打开【创建计

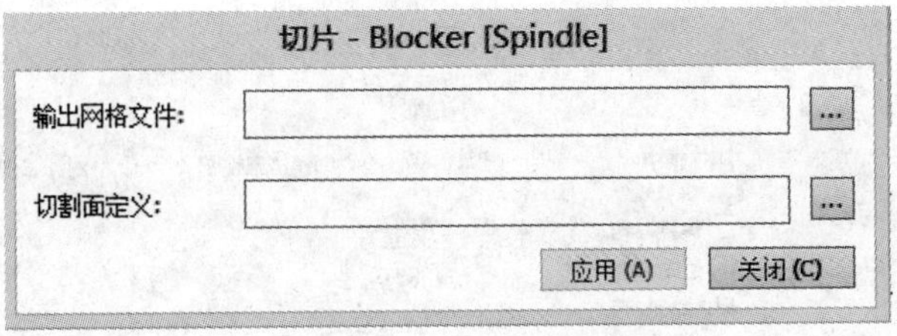

图 2-16　切片对话框

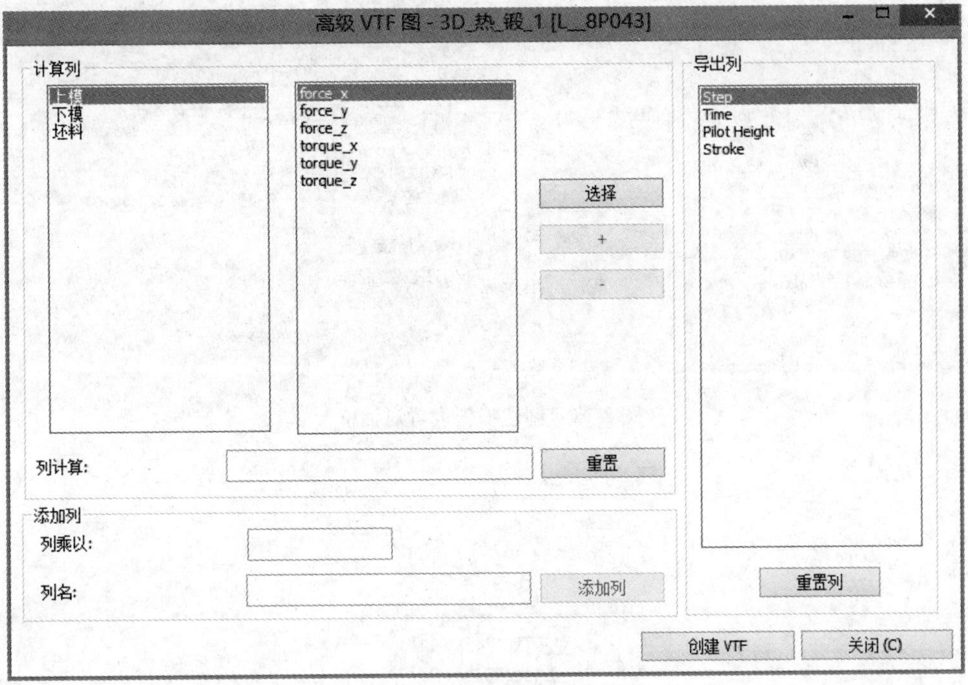

图 2-17　3D 高级图对话框

算报告】对话框。根据需要选择标量、向量中的选项，如图 2-18 所示，单击
【Create Report】获得报告。

2.3.4　设定

　　【设定】包括【显示分析 ID】、【选择语言】、【自动报告参考】、【手动更新】
4 个功能，如图 2-19 所示。

　　【显示分析 ID】是在主加载器模拟列表中显示或隐藏模拟 IDS，如图 2-20
所示。

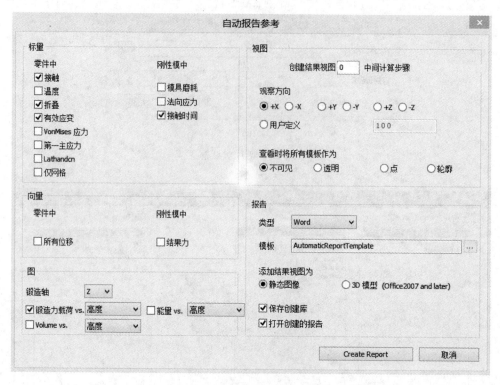

图 2-18 创建报告设置对话框

图 2-19 设定命令

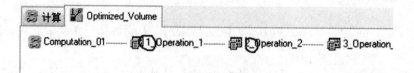

图 2-20 显示分析 ID

【选择语言】可选择一种界面语言，如英文或中文界面，如图 2-21 所示。选择语言后需要重启加载器，激活新的界面语言设置。

图 2-21　语言设定对话框

【自动报告参考】用以设置所有自动报告参数，如图 2-22 所示。

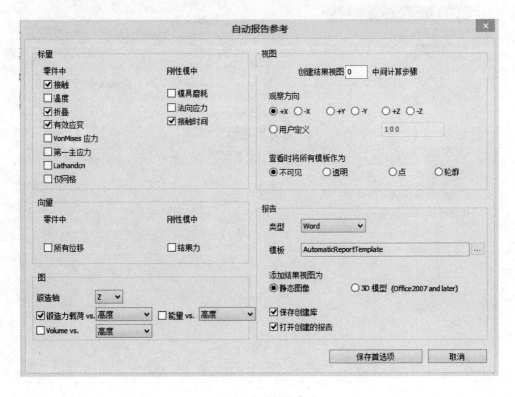

图 2-22　自动报告参考

【手动更新】用以激活或停止登陆器状态自动更新。

2.3.5   右键菜单

在主加载界面，可以用关联菜单方便快捷地选择典型的操作。在单个模拟或

工艺链模拟结果上，通过鼠标右键打开快捷子菜单，包含前处理、后处理中常用命令，如图 2-23 所示。

如打开 FORGE 启动器，在【当前工程】浏览命令下打开 "＊.tpf" 计算文件，在其图标上，右键单击选择【快速启动】，则开始进行模拟计算。通过【重置状态为】的下拉菜单中命令，如【取消】，则可取消当前计算，如图 2-24 所示。

图 2-23   右键菜单   图 2-24   重置状态

复习思考题

2-1   简述 FORGE 软件的功能与特点。

2-2   简述后处理模块中的命令功能。

2-3   如何导出材料数据？

3 自由锻过程模拟分析

本章通过对自由锻的镦粗过程进行模拟，来了解 FORGE 软件有限元模拟基本操作规程。

3.1 模型建立

采用 Pro/E、UG 等三维实体软件绘制镦粗的圆柱坯料、上模和下模。保存为 STL 格式。本文的所有例题的 STL 模型皆为软件自带（挤压模型除外），所在目录为：安装目录\Transvalor_Solutions\Forge_NxT_1.0\Data\Forging\Databases\English\Geometries\3D\Spindle 下。为提高计算效率，根据对称性，取 1/6 模型进行计算。

3.1.1 创建新工程

打开 FORGE NxT1.0 主窗口，在前处理模块【GLPre】选项中选择【新建工程】。将【工程名称】中的"新建工程"改为"Spindle"，如图 3-1 所示。然后

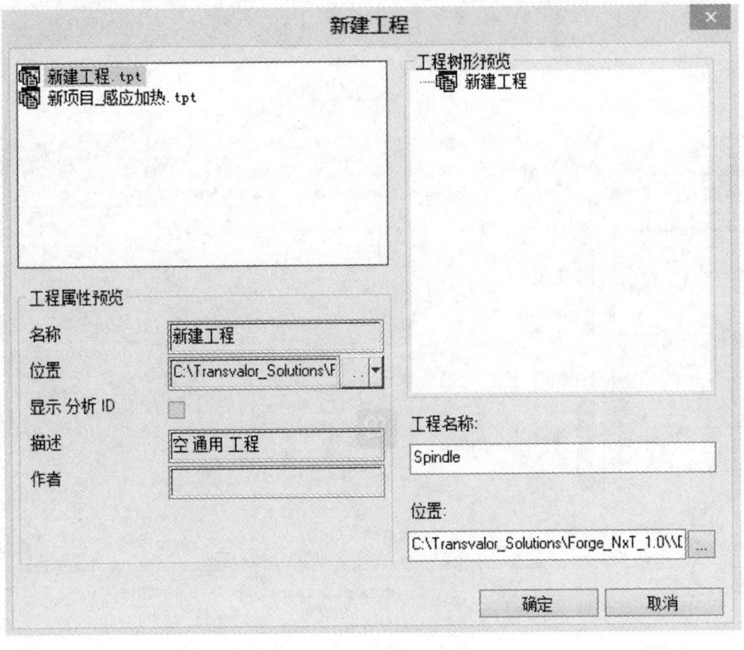

图 3-1　新建工程窗口

点击【确定】。打开【新建动画】对话框，选择【Template Mode】，然后依次选择【3D only】、【3D_热_锻.tst】如图3-2所示。将【模拟名称】"3D_热_锻"改为"Upsetting"；单击【确定】进入前处理界面，选择左下区域的 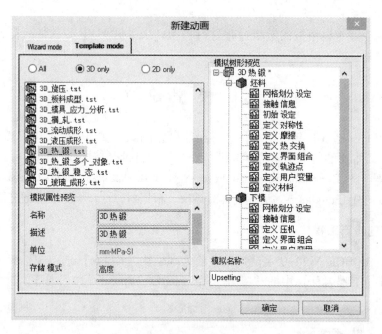对象，如图3-3所示。

注：本章中的截图颜色通过工具栏中【显示】下拉菜单【背景】命令将默认的黑色背景改为了白色。

图 3-2　新建动画

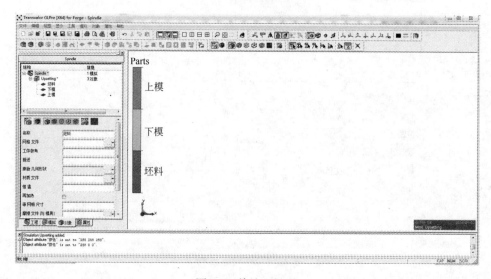

图 3-3　前处理界面

3.1.2 导入几何模型

在图3-3前处理界面的左下区域中选择 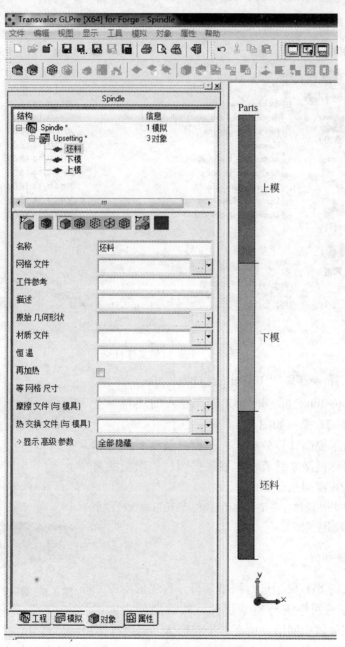对象 ，然后选择 坯料 ，出现如图3-4所示的窗口，该窗口用于导入坯料的几何模型，同时添加坯料的基本信息，

图3-4 坯料参数设置

如网格划分、材料属性、摩擦条件及传热等。单击【网格文件】中 ▦，打开文件浏览目录，导入坯料的 STL 文件。

在安装目录 Transvalor_Solutions\Forge_NxT_1.0\Data\Forging\Databases\English\Geometries\3D\Spindle 文件夹中选择"billet"文件，如图 3-5 所示。

图 3-5　几何模型文件目录

同理选择 ◆下模 "Upsetting_Lower_die"文件，◆上模 "Upsetting_up_die"文件。导入的坯料、上模和下模的 STL 模型如图 3-6 所示。

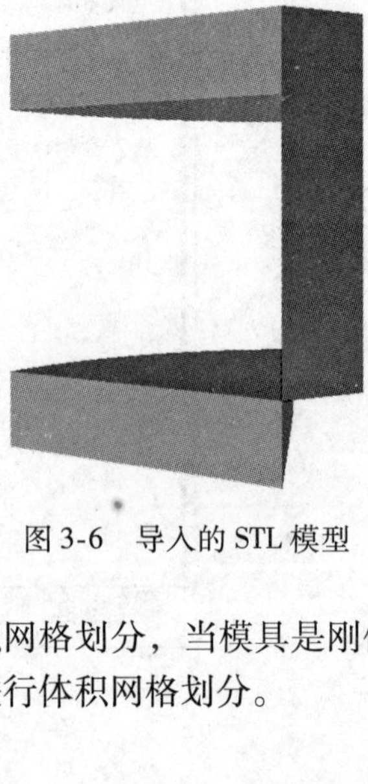

通常为了提高计算效率，根据模具及坯料的对称性，常用对称模型来计算，本书根据圆柱体镦粗的对称性，取 1/6 模型来计算。

注：按住并拖动鼠标左键可移动模型，滚轮可放大或缩小模型，右键可旋转模型。

3.1.3　网格划分

对导入的 STL 模型进行网格划分，首先应对原始的 STL 文件的网格进行重新优化，然后划分表面网

图 3-6　导入的 STL 模型

格，最后划分体积网格。通常对于变形体，需进行体积网格划分，当模具是刚体时只需对其进行表面网格划分，当模具为弹性体时需进行体积网格划分。

在图 3-4 坯料设置界面选择 对象，选择 坯料，在工具栏中点击 显示 STL 网格，显示导入的坯料初始的 STL 模型，如图 3-7 所示。然后在工具栏中选择 ，打开如图 3-8 所示的对话框，对初始 STL 文件中的重叠、空洞等进行修正，重新生成高精度的 STL 文件。本例保持默认选择数据，单击【确定】，得到如图 3-9 所示的高精度的 STL 文件。

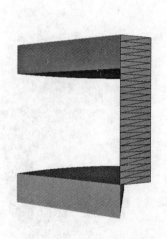

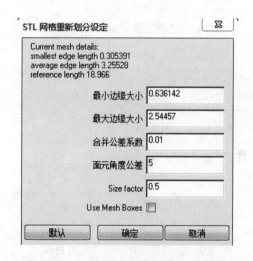

图 3-7　坯料初始 STL 网格　　　　　图 3-8　STL 网格划分对话框（坯料）

对图 3-9 中的坯料 STL 文件进行表面网格划分，将图 3-4 所示界面中的【等网格尺寸】设置为 4。在窗口界面的工具栏中单击表面网格图标 ，生成如图 3-10 的表面网格。将生成的表面网格转化体积网格单元才能用于计算，单击工具栏中的体积网格图标 ，直接生成体积网格，其外观网格形貌和图 3-10 所示相同。

注：表面网格 命令和体积网格 命令的划分顺序不能颠倒。

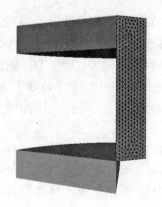

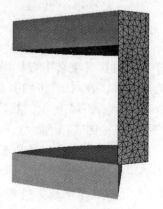

图 3-9　坯料 STL 模型网格重化　　　　图 3-10　坯料的表面网格划分

对模具进行表面网格划分，选择对象，然后选择 下模，和坯料网格划分流程一样，只是由于模具是刚性体，不需要进行体积网格单元划分，只划分表面网格。这里 STL 网格重化依然保持默认值，如图 3-11 所示，单击【确定】，然后单击工具栏中表面网格化图标 （选择为默认值），生成下模的表面网格。同理对上模进行网格划分。划分好的有限元网格模型如图 3-12 所示。

图 3-11　STL 网格重化对话框（下模）

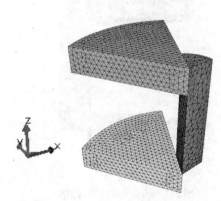

图 3-12　有限元网格模型

3.1.4　位置设置

由图 3-12 可看到，坯料位置不在上模和下模具之间，为此需要对其行调整。保持坯料位置不变，改变上、下模位置，对其进行调整，主要通过【变换】命令来实现，具体操作如下：

单击 对象 选择 上模，然后在标题栏的【对象】下拉菜单中选择【变换】命令，如图 3-13 所示，或者直接点击工具栏中 图标，弹出【变换】对话框，选择【旋转】，【旋转中心】保持为原点，【中心点】为 $(0，0，0)$，以 z 轴正方向为旋转轴，在【旋转轴】输入 $(0，0，1)$，按顺时针旋转【角度】输入"－60"，如图 3-14 所示，然后点击【应用】。同理选择【下模】并执行相同的操作，结果如图 3-15 所示。

由图 3-15 可知，坯料和上模发生了重叠，为此还需将上模沿 z 轴正向移动，在不确定移动多少距离时，可沿 z 轴正向移动足够的距离，然后通过在标题栏的【对象】下拉菜单中选择【调节】命令或工具栏中 图标完成坯料和模具的接触，具体操作如下：

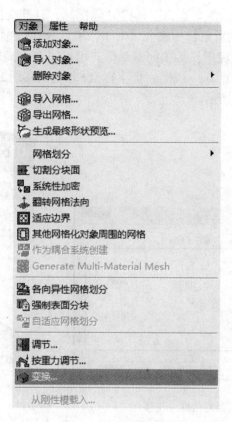

图 3-13 对象下拉菜单

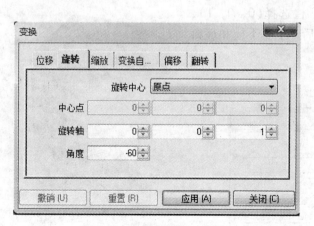

图 3-14 变换对话框（旋转）

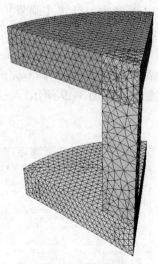

图 3-15 上、下模旋转
调整后的位置

单击 ■对象 选择 ◆上模 ，点击工具栏中 █图标，打开变换对话框，选择【位移】，在【随向量移动对象】中输入（0，0，30），即沿 z 轴正向移动30mm，如图3-16所示，点击【应用】后关闭对话框。用相同方法调节下模，在【随向量移动对象】中输入（0，0，−20），即下模沿 z 轴负向移动20mm，上、下模调整完成后模型如图3-17所示。

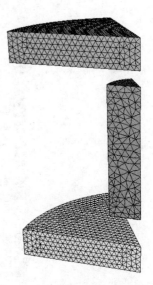

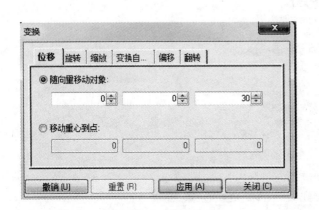

图3-16　变换对话框（位移）　　　　　图3-17　上、下模移动后的位置

　　通过【调节】命令来完成上、下模与坯料的接触。选择 ◆上模 ，选择工具栏中 █命令，打开【调节】对话框，如图3-18所示，在【向量】栏选择(0，0，−1)，即沿着 z 轴负向调整，如图3-18所示，点击【应用】后关闭对话框。相同方法调节下模，在【向量】栏选择(0，0，1)，沿着 z 轴正向调整。调节完成后，上、下模和坯料接触状态如图3-19所示。

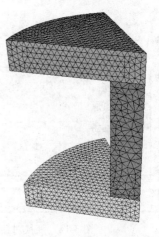

图3-18　上模调节对话框　　　　　图3-19　位置调节完成

注:(1)假如模具和坯料已经接触或互相重合,【调节】功能是不起作用的,必须先通过【变换】位移先将模具与工件分开。

(2)选择坯料,如图 3-20 所示,依次点击不同的按钮命令体验模型显示功能。如坯料选择■,上模选择■,下模选择■,模型显示结果如图 3-21 所示。

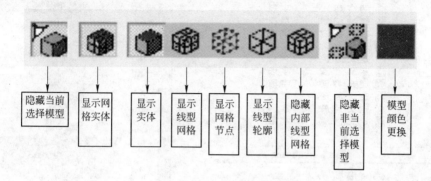

图 3-20　模型显示功能命令

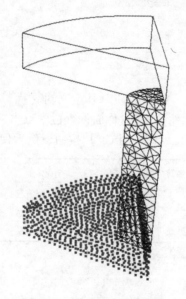

图 3-21　模型不同显示情况

3.1.5　接触检查

选择■对象中的■坯料,在其■属性中选择【接触信息】属性,点击【显示字段】命令,如图 3-22 所示,显示坯料与模具的接触情况,如图 3-23 所示。数值表示坯料各部位与工具表面的距离,如果坯料上下表面与模具是接触状态,则最小值必须小于或等于零,通常为极小负数,表示坯料和模具表面略有重合。

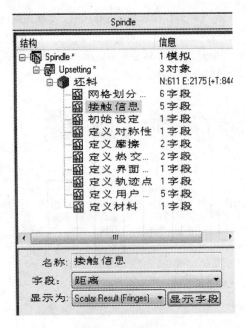

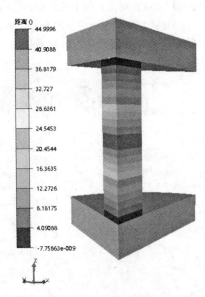

图 3-22   坯料属性   图 3-23   坯料和模具接触信息

3.1.6   对称面设定

由于本例为 1/6 模型，因此必须对其定义对称面。在图 3-22 所示的在【属性】栏中选择【定义对称性】，在对称面设置栏中点击【添加】按钮，组合名为默认名称，如图 3-24 所示，点击【指定】按钮，然后使用 "Ctrl 键 + 鼠标左键"

图 3-24   对称面设置栏

选择坯料的对称面上的任意一点，则产生一个对称面，如图 3-25 所示，点击
【应用】，再点击【关闭】，对话框关闭。再次点击【添加】按钮，用相同的方法
添加另一个对称面。通过图 3-24 中的【显示字段】命令，检验两个对称面是否
已被正确定义，如图 3-26 所示。

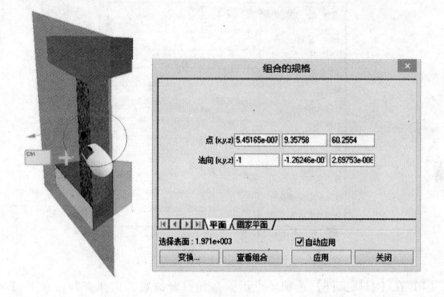

图 3-25　对称面选择

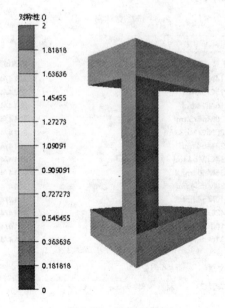

图 3-26　验证对称面

3.1.7 坯料基本参数设置

在  坯料 中 对象 栏定义包括材料本构关系、初始温度、摩擦剂热交换系数等坯料参数，如图 3-27 所示。

图 3-27 坯料基本参数栏

（1）在【材质文件】选项，点击 ... 按钮打开浏览，选择安装目录下\Trans-valor_Solutions\Forge_NxT_1.0\Data\Forging\Databases\中文\Meterials\热\钢\38MnSi4. tmf，如图 3-28 所示。

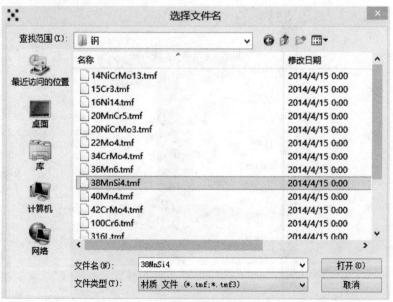

图 3-28 材质文件

（2）初始温度定义，【恒温】选项栏输入"1250"。

（3）在【摩擦文件（与模具）】选项中，点击■按钮打开浏览文件，选择安装目录下\Transvalor_Solutions\Forge_NxT_1.0\Data\Forging\Databases\中文\Friction\热\无润滑.tff。

（4）热交换定义，在【热交换文件（与模具）】选项，点击■铵钮打开浏览，选择安装目录下\Transvalor_Solutions\Forge_NxT_1.0\Data\Forging\Databases\中文\Exchange\热\钢-高温-强.tef。

3.1.8 模具初始条件设置

（1）定义模具的初始温度，选择下模，设置方法与上一节坯料相同，在【温度】输入"250"，如图3-29所示；同理将上模温度也设定为250℃。

（2）定义模具运动属性，主要是选择压力机和确定最大压下量。选择最大压下量时应先测量坯料的高度，为此隐藏上、下模。在【工具栏】中选择■命令，进入矢量拾取模式，按住"Ctrl键＋鼠标左键"，拾取坯料上下两端两点，即可显示出坯料的总高度为90mm，如图3-30所示，设置镦粗的最大压下量为30mm，终锻的最终高度为60mm。

在上模属性中，选择【定义压机】，如图3-31所示，在【压机文件】的【文件】栏点击■按钮打开浏览。选择安装目录下\Transvalor_Solutions\Forge_NxT_1.0\Data\Forging\Databases\中文\Presses\机械压机.tkf3，通过【压机文件】的【通用数据】设置基本参数，设置【初始高度】为90mm，【最终高度】为60mm；【方向】为−z；【旋转速度】为60r/min；【R/L比】为0.15（曲柄半径和连杆

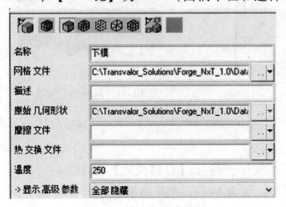

图3-29 模具基本参数栏

图3-30 高度测量

长度之比）；【曲柄半径】为225mm，如图3-32所示。设置完成后，可以点击【模拟】下拉菜单中的【预览运动学】，如图3-33所示，预览上模运动情况。

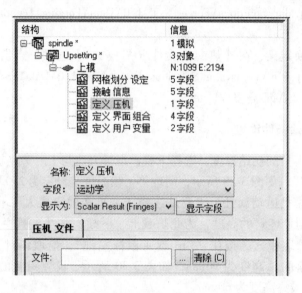

图 3-31   定义压机栏

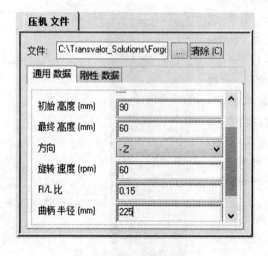

图 3-32   压机参数设置

图 3-33   运动预览菜单

3.1.9   模拟计算参数设置

设置模拟计算步长及存储模式，选择 [模拟]，【存储模式】分为按时间和高度两种，选择高度，【高度存储步长】设为1mm。计算结果将每隔1mm保存一个记录，如图3-34所示。

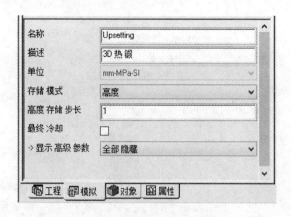

图 3-34　模拟计算参数设置

3.1.10　保存数据

初始参数都设置好后，在【文件】下拉菜单里点击【保存】，或者直接点击 圖 图标进行保存。弹出如图 3-35 所示的窗口，单击【是（Y）】，根据信息情况，可能弹出如图 3-36 所示的窗口，继续单击【确定】，弹出【数据文件预览】对话框，如图 3-37 所示，检查参数设置信息，确认无误后点击【保存数据文件】，退出前处理界面。

注：项目保存的同时，软件强制保存所需的设置文件。一个模拟中强制保存文件为：定义了坯料几何体和网格的文件（.may），包含模具信息文件（.out），包含工艺参数数据文件（.ref），包含机械压力机时间和速度关系文件（.tps）。如果该模拟不能计算则不能弹出【数据文件预览】对话框。

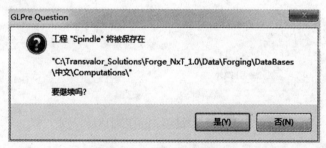

图 3-35　提示保存窗口

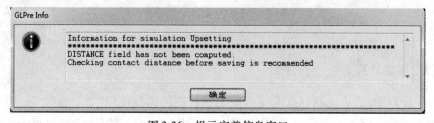

图 3-36　提示完善信息窗口

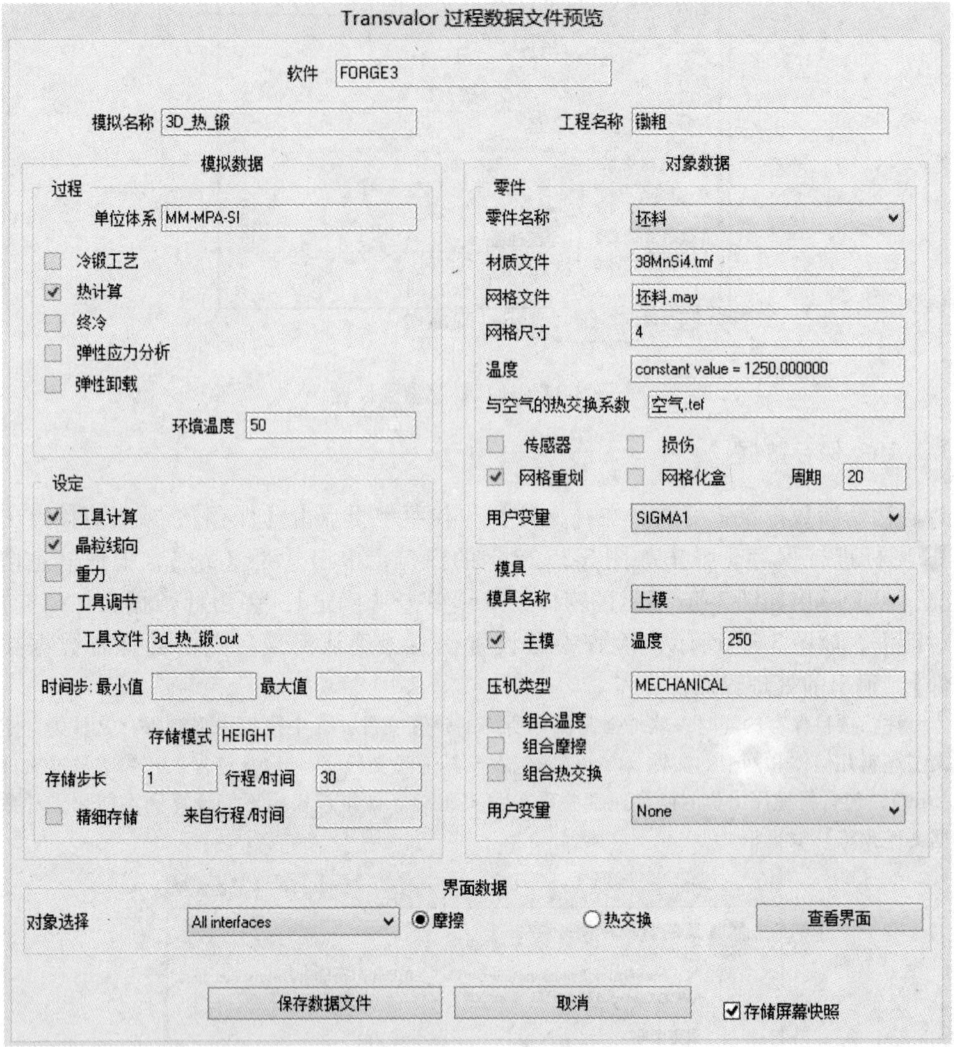

图 3-37　数据文件预览对话框

3.2　计算和后处理

3.2.1　生成计算文件

打开 FORGE 启动器，点击【当前工程】栏的浏览按钮 ，选择 C：\Trans-valor_Solutions\Forge_NxT_1. 0\Data\Forging\Databases\中文\Computations\Spindle. tsv\Spindle. tpf。然后在 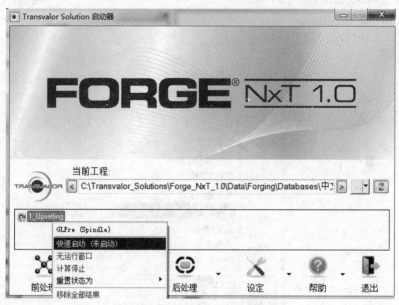1_Upsetting 单击鼠标右键，在下拉菜单中选择【快速启动（未启动）】，如图 3-38 所示，在弹出的对话框的【过程数】中输入 4，如图 3-39 所示，然后单击【现在启动!】开始进行计算。

　　注：过程数代表 FORGE 软件的核数，此处填写的数值必须小于或等于用于计算的 FORGE 软件核数。

图 3-38　FORGE 启动器界面

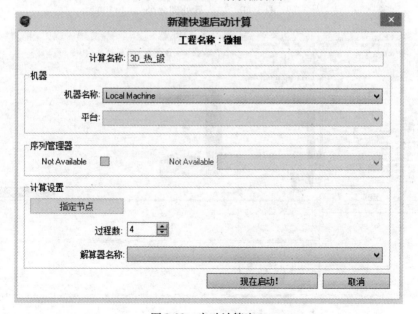

图 3-39　启动计算窗口

3.2.2　模拟结果分析

模拟计算完成后的图标显示为 ☑2_Upsetting，在此图标上单击鼠标右键，选择【GLview Inova（Blocker）】，如图 3-40 所示，打开后处理及界面，如图 3-41 所示，其后处理包括以下几个部分：

（1）图形显示窗口。

（2）步数的选择和动画播放。

图 3-40　进入后处理命令

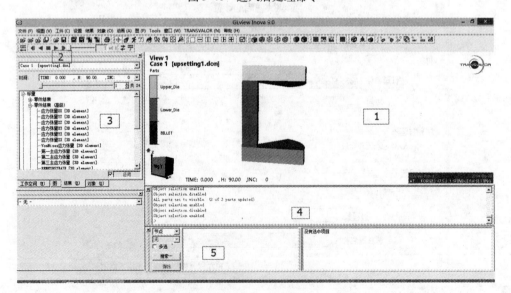

图 3-41　后处理界面

（3）数据分析查看窗口。

（4）操作过程命令窗口。

（5）选择窗口。

3.2.2.1 变形过程的显示

在标题栏中点击【动画】选择【动画设置】。将【最大动画速度】设为5，如图 3-42 所示，点击【确定】，显示模拟过程的动画效果。

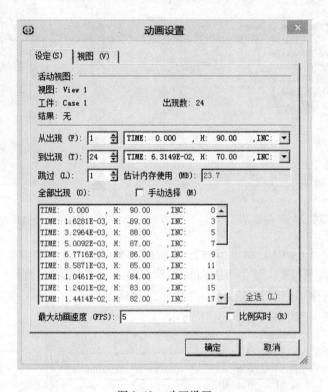

图 3-42　动画设置

亦可通过如图 3-43 所示的步数调节模块来调节动画显示过程，点击向上、向下箭头，或者直接在步数框里输入步数，即可看到具体步数的模拟结果。

图 3-43　步数调节模块

3.2.2.2 查看模拟结果

（1）在后处理窗口中的数据分析栏选择【结果】，展开【标量】，在子菜单中选择【零件结果】，如图 3-44 所示。可双击鼠标左键选择所需结果，如双击【温度】，可得到如图 3-45 所示坯料的温度云图。

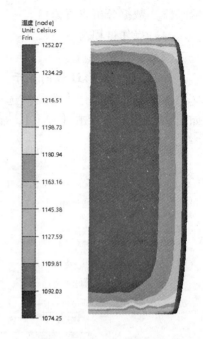

图 3-44　模拟结果　　　　　　　　　图 3-45　坯料的温度云图

（2）在图 3-44 中的双击鼠标左键选择【有效应变】，显示有效应变云图，选择 **对象 (O)**，右键单击【切割面】选项，显示【新建切割面】，如图 3-46 所示。点击【新建切割面】，在图 3-47 中，通过修改类型，自定义参数，移动游标来选择不同部位的切面，如图 3-48 所示。

图 3-46　对象分析栏

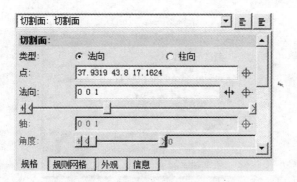

图 3-47 切面属性设置

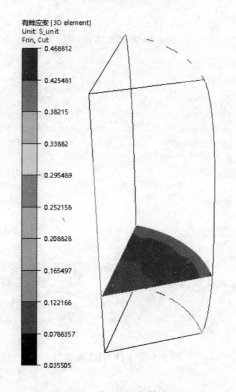

图 3-48 切面的有效应变

3.2.2.3 载荷-行程曲线

在标题栏中点击【图】，在图 3-49 中选择【用 VTF 文件的 2D 序列新建图】，打开图 3-50 所示的窗口，选择上模，即 "upper_die. vtf"，打开此文件。在图 3-51中定义【X 值】为步数，【Y 值】为沿 z 轴的力，即可得出载荷-行程曲线，如图 3-52 所示。

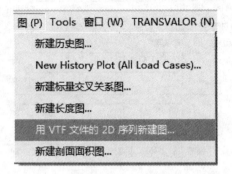

图 3-49 新建曲线图

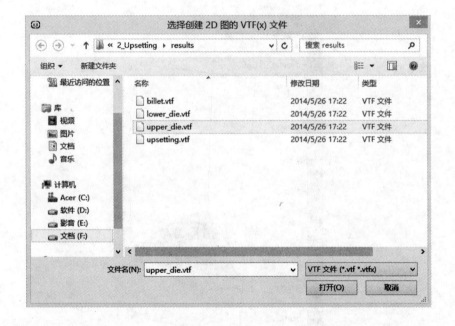

图 3-50 VTF 图结果文件

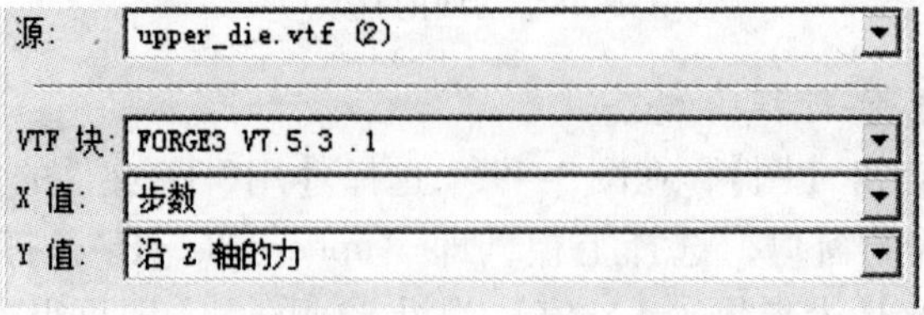

源: upper_die.vtf (2)

VTF 块: FORGE3 V7.5.3 .1
X 值: 步数
Y 值: 沿 Z 轴的力

图 3-51 VTF 图属性设置

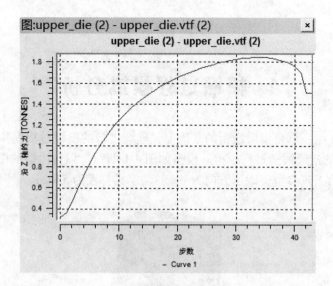

图 3-52　载荷-行程曲线

3.2.2.4　退出 FORGE NxT1.0

在【文件】的下拉菜单中选择【退出】按钮，或者直接点击右上角 ▉ × ▉ 退出后处理界面。

复习思考题

3-1　在前处理中设置对称面的步骤有哪些？

3-2　体积网格的划分顺序是什么？

3-3　在前处理中如何测量两点之间的距离？

3-4　如何分析模拟工件内部的温度变化？

4 模锻过程模拟分析

本章是在前一章自由锻镦粗的基础上，连续进行的模锻过程模拟，旨在熟悉 FORGE 软件的连续锻造过程模拟。模型如图 4-1 所示。以自由锻的模拟结果参数为模锻的初始工艺参数，锻压方向为 $-z$ 轴，模具行程为 53mm。

图 4-1　模锻模拟模型

4.1　有限元模型建立

4.1.1　增加一个新模拟

打开 FORGE 启动器，点击【当前工程】，选择 ⊡ 命令，选择上一章自由锻的 "Spindle. tpf"，右键单击 ☑ 2_Upsetting，在下拉菜单选择【GLPre（Spindle）】，如图 4-2 所示，进入前处理界面，打开自由锻模拟文件。

由于是在自由锻基础上的模锻模拟，因此需在其基础上增加一个新模拟，通常有两种方法：（1）选择 ▦ 模拟，在 ⊟ 鼠 Spindle * 上单击鼠标右键选择【添加模拟】，添加一个新模拟，如图 4-3 所示，需进行几何模型及所有参数设置；

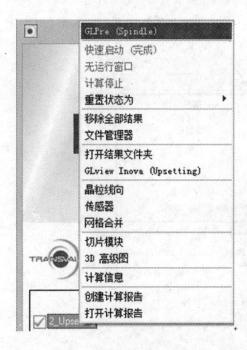

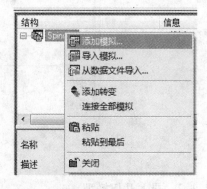

图 4-2 模拟结果右键菜单 图 4-3 添加新模拟

（2）复制/粘贴已经存在的模拟，并在此基础上进行修改编辑生成新模拟。

本例选择第二种方法。点击 模拟 栏，选择 Upsetting 模拟，鼠标右击，选择复制，如图 4-4 所示。然后在 Spindle* 上右击，选择粘贴，此时在 模拟 菜

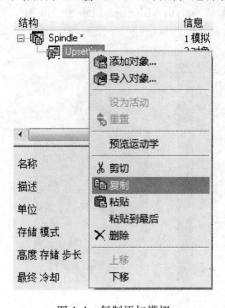

图 4-4 复制添加模拟

单里出现"Upsetting 1"模拟文件，双击打开，在名称栏中将"Upsetting 1"改为"Blocker"，结果如图4-5所示。

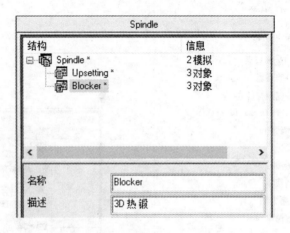

图4-5　修改新模拟名称

4.1.2　导入几何模型

选择 ●对象 命令，点击 ■坯料 ，在【网格文件】栏，以自由锻镦粗模拟结果"end_billet. may"作为网格化文件，点击 ■ 命令，选择\Spindle. tsv\Analysis\ResultDataBase\1_Upsetting\end_billet. may。同理依次添加 ◆ 上模 "Spindle\Blocker_up_die"，选择 ◆ 下模 "Spindle\Blocker_ Lower_die"。导入后的模型如图 4-6所示。

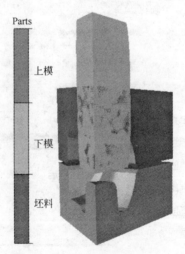

图4-6　初始导入模型

4.1.3 网格划分

4.1.3.1 模具

选择 ◼️对象 ，选择 ◆ 下模 ，单击 ⬛ 显示初始 STL 网格，通过单击 STL 网格划分图标 ◼️ 优化 STL 文件，在弹出的对话框中，将【面元角度公差】设置为 10，如图 4-7 所示，它将使表面网格更平滑，然后点击【确定】。点击表面网格 ◆ 进行表面网格化。相同的方法划分上模网格，结果如图 4-8 所示。

注：划分模具网格时，可先隐藏坯料模型，选中 ◼️坯料 ，点击工具栏 ◼️ 使之隐藏，这样可更清楚地观察模具网格划分情况。

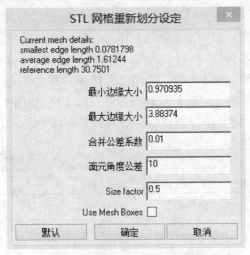

图 4-7 STL 网格从新划分窗口

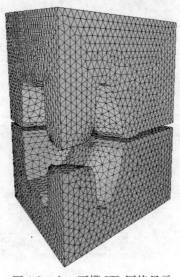

图 4-8 上、下模 STL 网格显示

4.1.3.2 坯料

选择 ⬛对象，选择 🔲 坯料 ，为了保证模锻精度，需将坯料网格进一步细化，在【等网格尺寸】栏输入 2，单击 ⬛命令进行表面网格化分。然后单击 ⬛命令进行体积网格化分。

注：坯料网格在镦粗阶段已有均匀的网格划分，所以无需 STL 网格划分。但通常为了提高网格质量，也可根据需要再次进行划分。

4.1.4 模具位置

调整模具位置与坯料接触，在 ⬛对象栏选择 ➡ 上模 ，点击 ⬛变换命令，在弹出的【变换】对话框中选择【位移】，在【随向量移动对象】栏输入向量（0，0，100），如图 4-9 所示，即沿 z 轴向上移动 100mm。然后单击 ⬛调节命令，【调节到对象】选择"坯料"，在【向量】栏输入（0，0，−1），如图 4-10 所示，即沿 z 轴负方向移动与坯料接触。同理，选择 ➡ 下模 ，通过单击 ⬛，在【调节到对象】选择坯料，在【向量】栏输入（0，0，1），如图 4-11 所示，沿 z 轴正向调整和坯料接触，模具位置调整后，结果如图 4-12 所示。

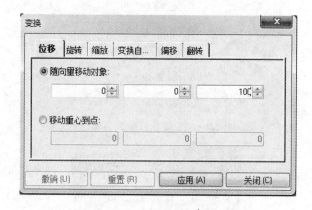

图 4-9　上模位移变换对话框

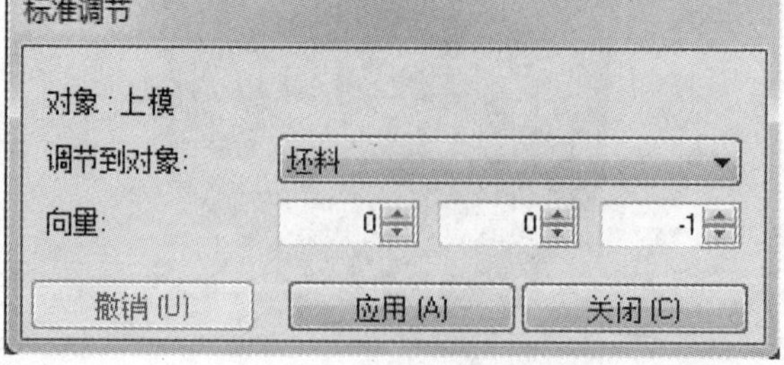

图 4-10　上模调节对话框

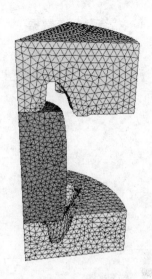

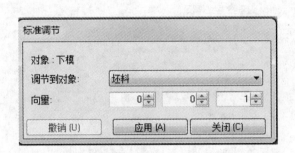

图 4-11　下模调节对话框　　　　　　　图 4-12　工件和模具位置

4.1.5　计算参数设置

选择 对象栏，选择 ← 上模，然后单击 属性，选择 定义压机，在【压机文件】栏，保留原有设备类型（机械压力机），将【初始高度】改为 57mm，【最终高度】为 4mm，即打击高度为 53mm。其他参数与镦粗时的相同，如图4-13所示。点击【模拟】下拉菜单中的【预览运动学】，预览上模运动情况。

图 4-13　压机文件参数设置

4.1.6 检查及保存数据

在工具栏中点击 ■ 命令进行保存，弹出【数据文件预览】对话框，如图 4-14所示，检查设置数据无误，单击【保存数据文件】。保存完成后退出前处理界面。

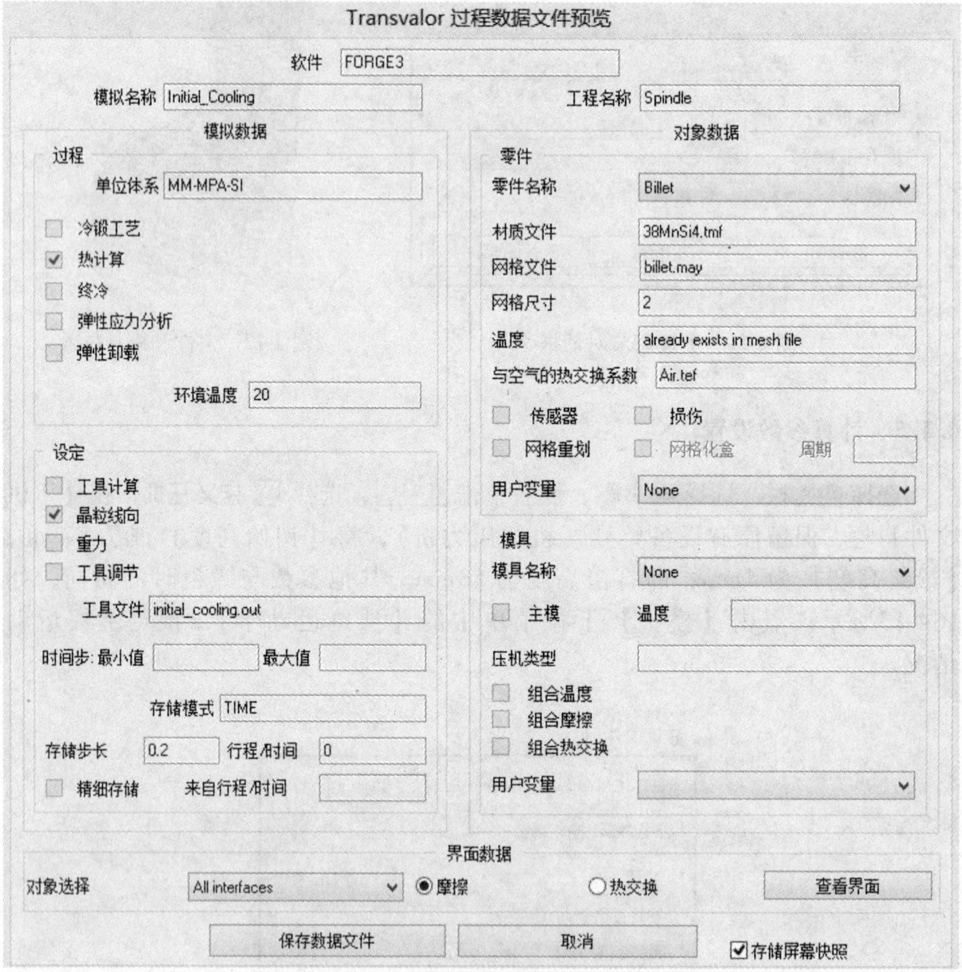

图 4-14 数据文件预览对话框

4.2 有限元模型分析

4.2.1 运行计算

打开 FORGE 启动器，点击【当前工程】栏的浏览按钮 ⬚ ，找到前处理保存的文件，选择"Upsetting. tpf"。然后在任务栏中右键单击，在下拉菜单中选择【快速启动】，在弹出的对话框中的【过程数】输入 4，单击【现在启动】计算。

4.2.2 模拟结果分析

模拟计算完成显示 ☑ 2_Blocker 图标，单击鼠标右键，在弹出菜单中选择【GL-view Inova（Blocker）】，如图 4-15 所示，打开后处理界面，如图 4-16 所示。

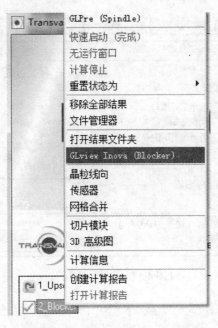

图 4-15 打开后处理界面命令

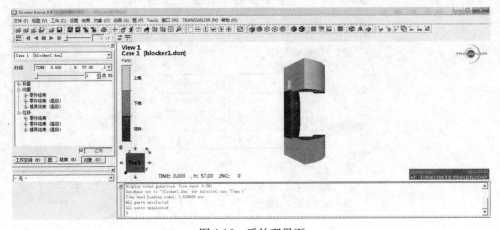

图 4-16 后处理界面

在图 4-16 窗口中选择的 工作空间 (W)，如图 4-17 所示。在图中选择 镜像，弹出镜像窗口，选择 ☑ 启用镜像，【重复】为 5，如图 4-18 所示，添加 5 个 1/6 镜像模型，与初始 1/6 模型合成一个整体，如图 4-19 所示。选择 结果 (R)，选择步数为 52，如图 4-20 所示，在【视图】的子菜单里选择【观察方向】，选择【+Z 轴】，通过 "Ctrl + 鼠标右键"，隐藏下模，观察金属的充模情况，如图 4-21 所示。在图 4-20 的【标量】中选择【零件结果（高级）】，选择等效应力张量，获得的等效应力分布情况如图 4-22 所示。

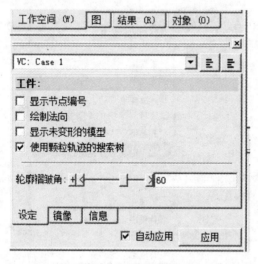

图 4-17 工作空间窗口

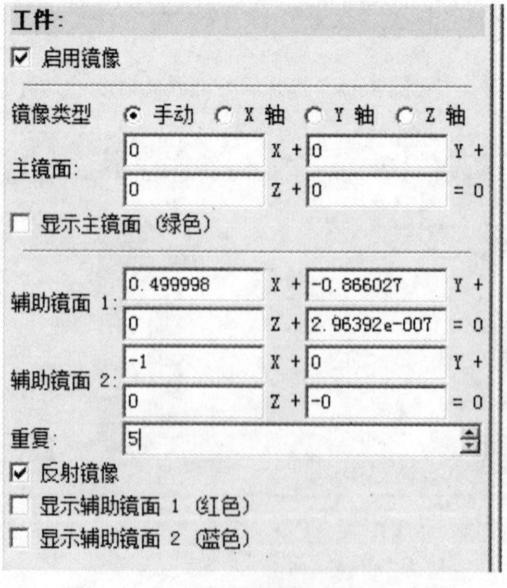

图 4-18 镜像窗口

图 4-19 镜像后的模型

图 4-20 选择位移行程

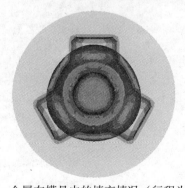

图 4-21 金属在模具内的填充情况（行程为 52mm）

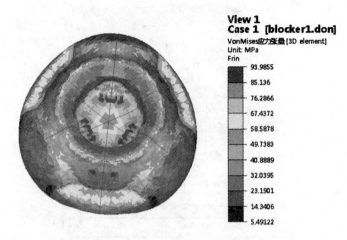

图 4-22　等效应力分布情况（行程为 52mm）

复习思考题

4-1　模锻模拟前处理中需要准备哪些参数？

4-2　在后处理模块中如何检查模锻的填充状态，如何显示折叠追踪？

4-3　后处理中如何观察锻造的锻透性？

5 模具应力分析

5.1 有限元模型建立

模锻模拟完成后，关于模具的信息保存在＊．DR3 文件中。在上述锻造模拟过程中，模具被设为刚性体，但要对模具所受应力进行分析，需要把模具设为弹性体，建立模型进行计算。

5.1.1 添加一个模具应力分析模拟

打开 FORGE 启动器，点击【当前工程】，选择 命令，选择上一章自由锻的 "Spindle. tpf"，右键单击 2_Blocker，在其下拉菜单选择【GLPre（Spindle）】进入前处理界面。

重新打开 FORGE 启动器，加载方案 Spindle. tpf，进入前处理界面，选择 模拟栏，在 Spindle 图标上右击鼠标选择 添加模拟，如图 5-1 所示。在弹出的对话框中，添加【3D_模具_应力_分析 . tst】，设定【模拟名称】为 "StressAnalysis"，如图 5-2 所示。此时模拟属性栏中，共有 "Upsetting"、"Blocker" 和 "StressAnalysis" 3 个模拟文件，如图 5-3 所示。

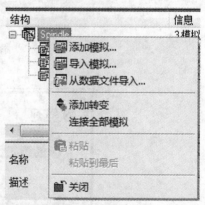

图 5-1 添加模拟窗口

5.1.2 模具体积网格划分

由于要分析模锻过程模具应力分布，因此需将模具设置为弹性体，进行体积网格划分。本例以上模应力分析为例。

在【StressAnalysis】中选择 对象，选择 应力分析模具，单击【网格文件】后的 命令，在模锻模拟结果中选择 "Spindle. tsv/Blocker" 文件夹，导入上模几何文件 "upperdie. dou"，如图 5-4 所示。保持原始表面网格不变，在菜单栏中单击 体积网格命令，将表面网格转成体积网格。在 对象 的【材质文件】中，点击 按钮找到【工具】文件夹，选择 "纯_弹性_H13. tmf"，导入材质文件，如图 5-5 所示。

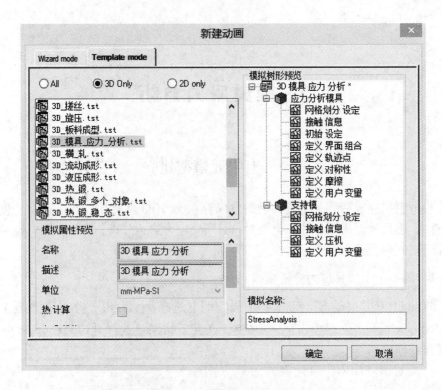

图 5-2 添加模具应力分析模块

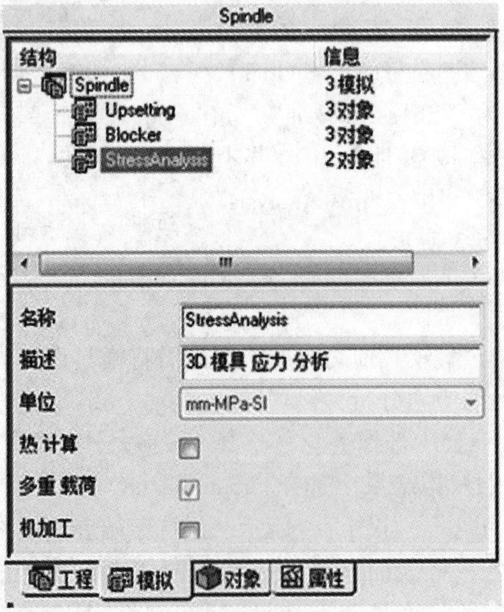

图 5-3 模拟栏

图 5-4 导入上模网格文件

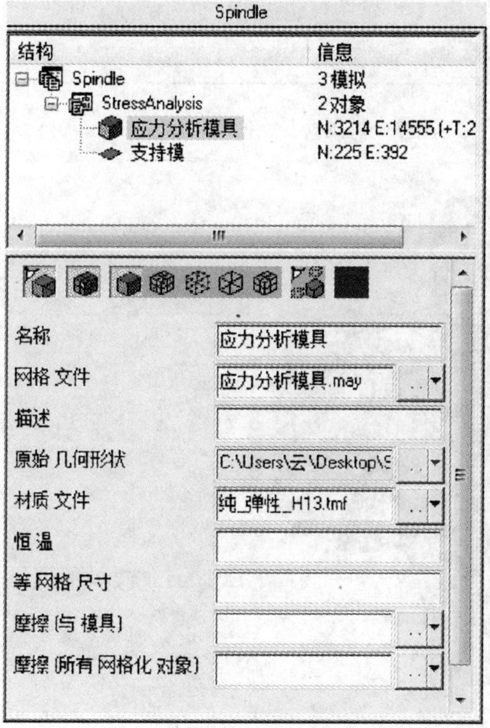

图 5-5 模具属性设置

5.1.3 模具设置定义

5.1.3.1 定义对称面

由于模具为 1/6 模型，所以需定义对称面。选择 [属性]，选择【定义对称面】，在对称面设置栏中，单击 [添加] 命令，如图 5-6 所示，然后选择 [指定]，按住"Ctrl + 鼠标左键"选择左对称面，在弹出对话框中点击 [应用] 命令后，关闭对话框，如图 5-7 所示。同理，以相同的方法定义右对称面，设置完成后单击 [显示字段] 可检查对称面，如图 5-8 所示。

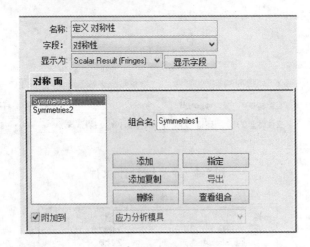

图 5-6 对称面设置

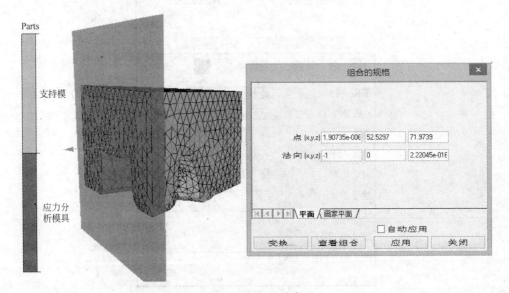

图 5-7 定义左对称面

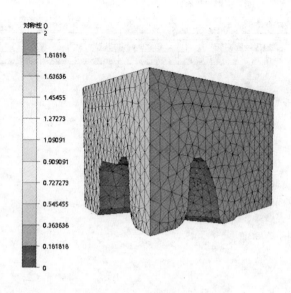

图 5-8　检查对称面

5.1.3.2　定义支持模

由于上模受力主要指向 z 轴正向，为此需要在上模上表面定义一个支持模，否则分析模具受力时模具将产生移动。选择 ⬛ **支持模**。选择【网格文件】栏，点击 ⬛ 按钮并选择 创建... ，如图 5-9 所示。在弹出的【初始网格创建】对话框中选择【带材】，在【带材长度】和【带材宽度】框中输入 100，【网格尺寸定义】选择"中"，结果如图 5-10 所示，单击应用后关闭对话框。

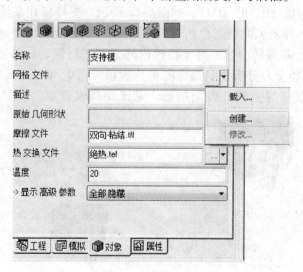

图 5-9　创建支持模

图 5-10   支持模初始网格创建

添加支持模初始位置如图 5-11(a)所示，首先将支持模向 z 轴正向移动，越过上模上表面。单击 ⬛ 变换命令，在变换对话框中选择【位移】，【随向量移动对象】栏输入向量（0，0，200），如图 5-12 所示。支持模在系统中默认显示为外表面（绿色）和内表面（灰色），只有外表面和模具上表面接触才能进行模拟计算，为此单击 ⬛ 翻转命令，对支持模内外表面进行翻转。单击 ⬛ 调节命令，【调节对象】选择应力分析模具，【向量】栏输入（0，0，–1），如图 5-13 所示，将支持模调整与上模上表面接触，完成支持模设定，调节过程如图 5-11

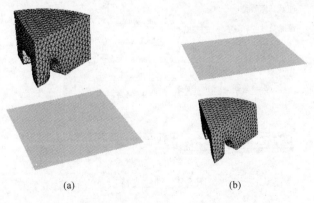

(a)   (b)

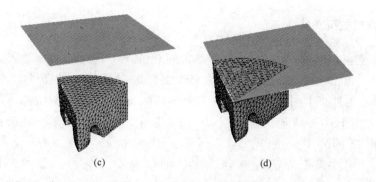

(c)　　　　　　　　　　　(d)

图 5-11　支持模位置设置

（a）支持模初始位置；（b）支持模沿 z 轴正向移动；
（c）支持模表面翻转；（d）支持模与上模接触

（b）、（c）、（d）所示。在【摩擦文件】选项中点击⋯命令，在摩擦文件中选择
"双向-黏结 . tff"。在【热交换文件】选项中点击⋯命令，选择"绝热 . tef"，如
图 5-9 所示。

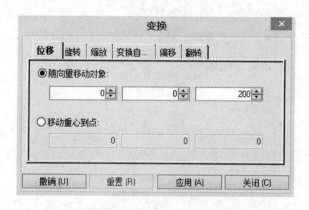

图 5-12　支持模变换对话框

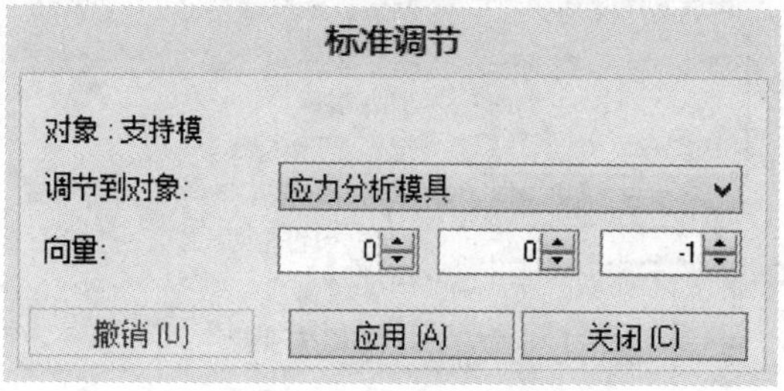

图 5-13　支持模调节对话框

5.1.4　添加载荷文件

选择 ▣对象 ，选择 ▣ 应力分析模具，右击鼠标，选择 从刚性模载入…… ，如图 5-14所示，弹出一个加载模拟结果 .dr3 文件的对话框，如图 5-15 所示。在【模具结果文件夹】中点击 …，进入 \Spindle.tsv\Analysis\Blocker\Blocker\ Results，如图 5-16 所示，点击【确定】，所有 .dr3 文件清单显示在模具结果文件窗口的左栏，如图 5-17 所示。任意选择一个 .dr3 文件，单击 显示字段 ，可在显示界面观察到该文件的模具应力分布，如图 5-18 所示。将左面【现有文件】栏中所有的 .dr3 文件全部选择，并点击 > 将这些文件加载到右面【所选文件】列表，如图 5-19 所示，单击【应用】后关闭对话框。

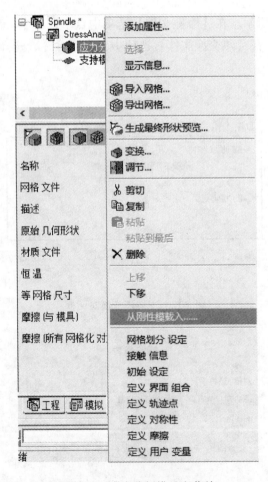

图 5-14　应力分析模具右菜单

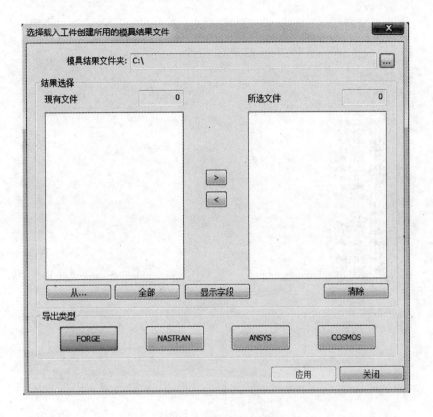

图 5-15　选择模具结果文件

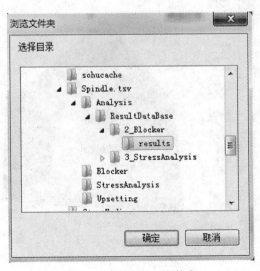

图 5-16　打开 . dr3 文件夹

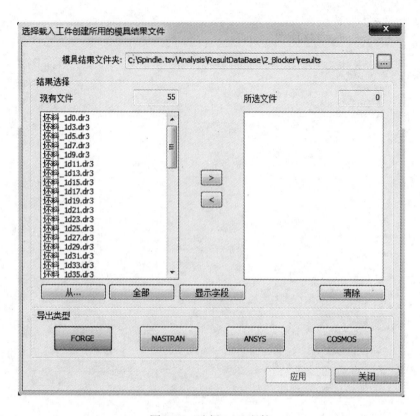

图 5-17   选择 . dr3 文件

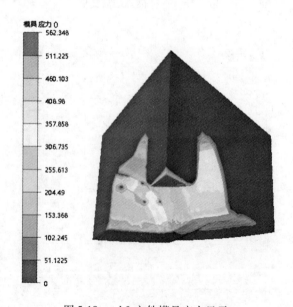

图 5-18   . dr3 文件模具应力显示

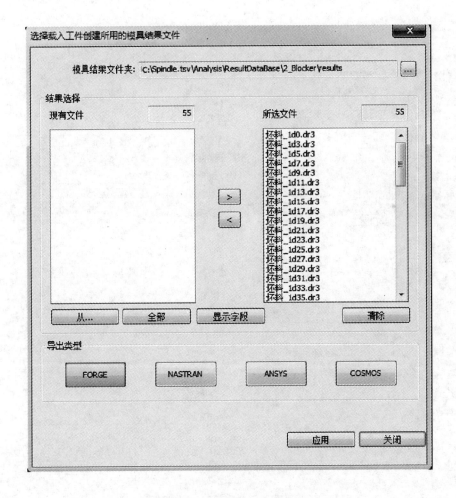

图 5-19　加载所选 .dr3 文件

5.2　模 拟 计 算

5.2.1　保存方案

　　单击工具栏中 ▣ 保存命令，弹出【数据文件预览】对话框，检查参数设置信息。确认无误后点击【保存数据文件】，如图 5-20 所示，然后退出前处理界面。在前处理结果文件上，单击鼠标右键，通过【快速启动】开始模拟，【过程数】设为 4，单击【现在启动！】命令开始模拟，如图 5-21 所示。

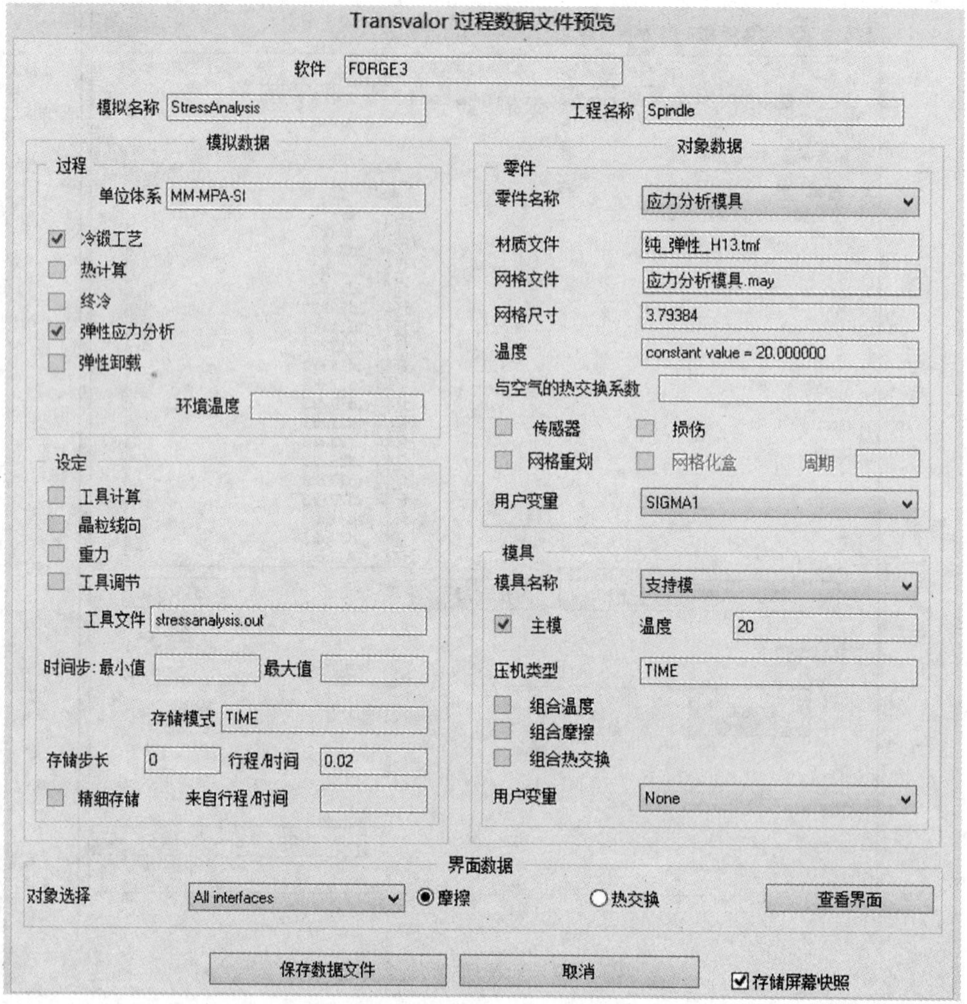

图 5-20　数据文件预览对话框

5.2.2　后处理

当启动器界面运算文件显示 ☑ 3_StressAnalysis 时表示计算完成，右键单击选择【GLview Inova】，打开后处理界面。选择【工作空间】栏，在左下角选择 镜像 命令，勾选【启用镜像】，在【重复】栏中输入 5，然后选择 结果 (R)。将支持模隐藏，在【零件结果】分析栏，选择【名义位移】，将步数设置 54，结果如图 5-22 所示。将【重复】的镜像值由 5 改为 1，在 结果 (R) 选择【向量】模块，如图 5-23 所示，双击·位移 [node]，得到模具弹性流动的矢量图，如图 5-24 所示。

新建快速启动计算 ✕

工程名称：Spindle

计算名称：StressAnalysis

机器

机器名称：Local Machine ▾

平台： ▾

序列管理器

Not Available ☐　　　　Not Available ▾

计算设置

指定节点 ⬚

过程数：4 ⬆⬇

解算器名称： ▾

现在启动! 　　 取消

图 5-21　快速启动窗口

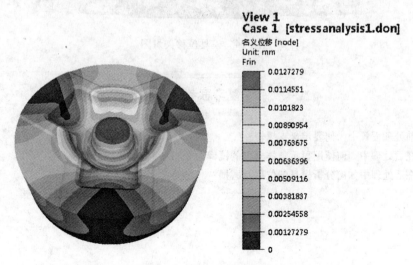

View 1
Case 1 [stressanalysis1.don]

名义位移 [node]
Unit: mm
Frin

0.0127279
0.0114551
0.0101823
0.00890954
0.00763675
0.00636396
0.00509116
0.00381837
0.00254558
0.00127279
0

图 5-22　模具位移的云图

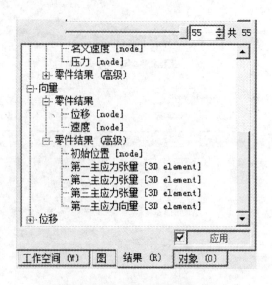

图 5-23　向量零件结果选项

图 5-24　模具位移矢量图

复习思考题

5-1　前处理设置中为何要定义支撑辊?

5-2　在后处理中如何使用显示整体模型的镜像命令?

5-3　在后处理中如何分析模具的位移及磨损?

6 挤压过程模拟

分流模挤压时，坯料需要经过分流、焊合和成型三个阶段，模拟时变形量大，网格畸变严重、摩擦条件复杂，为此本章通过对典型的方管分流模挤压模拟，介绍基本模拟计算步骤。根据模具结构的对称性，几何体和工具采用 1/4 模型，坯料为铝合金 6061（AlMgSi0.6Cr），坯料初始温度为 480℃，挤压速度为 5mm/s，挤压行程为 40mm。模型如图 6-1 所示。

图 6-1　分流模挤压模型

6.1　模　型　建　立

6.1.1　创建新工程

打开 FORGE NxT1.0 主窗口，在前处理模块【GLPre】选项中选择【新建工程】。将【工程名称】改为"挤压"，如图 6-2 所示，然后点击【确定】，打开【新建动画】对话框，选择【Template Mode】，选择 ⦿3D only，选择【3D_热_锻.tst】，将【模拟名称】"3D_热_锻"改为"分流模热挤压"，如图 6-3 所示。单击【确定】进入前处理，选择左下区的 对象，如图 6-4 所示。

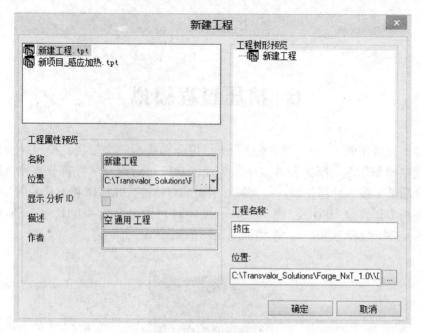

图 6-2 新建工程窗口

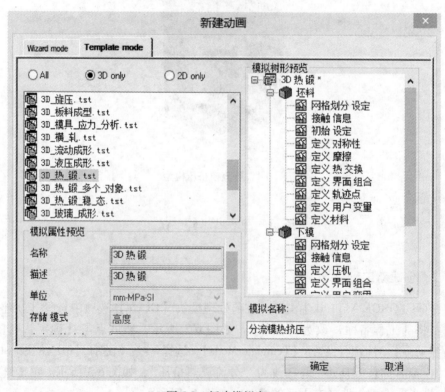

图 6-3 新建模拟窗口

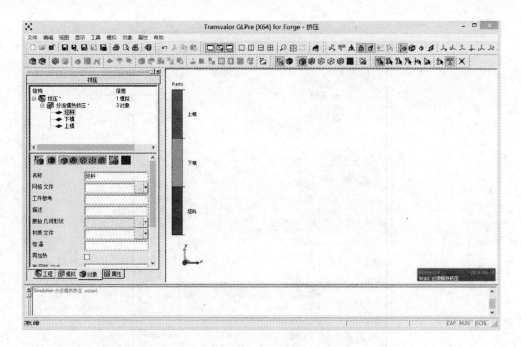

图 6-4　前处理界面

6.1.2　添加模具模块

由图 6-4 可知，系统中只有上模和下模，而分流模的模具共有 4 个，除上、下模外，还有挤压筒（模筒）和垫片，因此在前处理中还有增加这两个模具模块。

选择 ▣对象，鼠标右键单击 ➤上模，在其下拉菜单中选择【复制】，如图 6-5 所示，在 ▣分流模热挤压模块上单击鼠标右键选择【粘贴】，如图 6-6 所示，即可添加 ➤上模1，再次进行【粘贴】，添加 ➤上模2，如图 6-7 所示。单击 ➤上模1，在【名称】栏将"上模 1"改名为"模筒"，如图 6-8 所示。同理将"上模 2"改名为"垫片"，如图 6-9 所示。

6.1.3　导入几何模型

在前处理界面选择 ▣对象，选择 ➤坯料，出现如图 6-10 所示的窗口，单击【网格文件】中 ▣，打开文件浏览目录，导入坯料的 STL 模型，本例为"billetl"，如图 6-11 所示。同理分别导入 ➤下模 、➤上模 、➤模筒及 ➤垫片的 STL 模型，"bottom die"、"upper die"、"container"及"pressure pad"文件。

注：本例中的模型文件在 FORGE 软件系统中没有自带，用户可从 www.dotoworld.com 网站下载。

图 6-5　复制上模

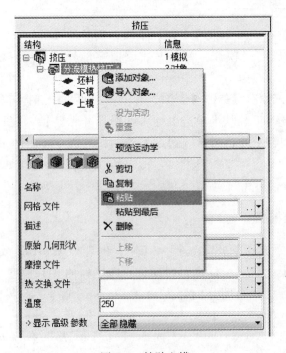

图 6-6　粘贴上模

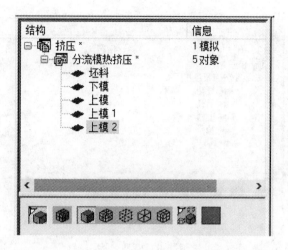

图 6-7 添加模具

图 6-8 更改名称

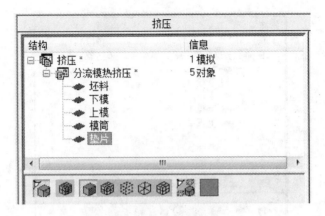

图 6-9　模型名称

图 6-10　坯料基本参数栏

图 6-11   几何模型文件目录

6.1.4   模型网格划分

6.1.4.1   坯料网格划分

选择 ⬛对象，选择 ◆ 坯料 。在工具栏点击 ⬛ 命令显示坯料 STL 网格，点击 ⬛ 命令隐藏其他模具模型，如图 6-12 所示。根据图 6-12 可知，初始的坯料 STL 网格比较粗糙，为此需要重新细化。单击工具栏中 ⬛ STL 网格划分，在弹出设定对话框中保持默认选项，如图 6-13 所示，点击【确定】，重新细化的坯料 STL 网格，如图 6-14 所示。

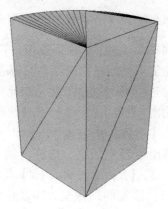

图 6-12   坯料的原始 STL 网格

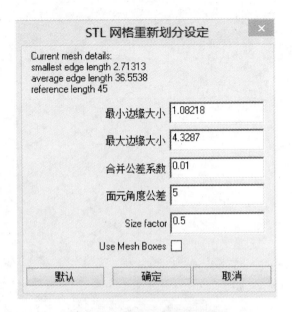

图 6-13　STL 网格划分对话框

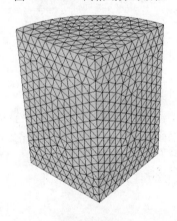

图 6-14　坯料重新细化的 STL 网格

　　分流模挤压模拟时，网格单元过多，所需模拟计算时间长。为了提高计算效率，并兼顾计算精度，通常需对挤压过程的坯料网格进行局部细化。

　　首先对分流模入口部分进行局部网格细化，在此区域添加一个网格细化框，选择 圈属性，选择 网格划分 设定，【字段】下拉选项选择【网格大小】，选择 组合 ，单击【添加】命令，【默认】中输入 5，【组合】中输入 1，如图 6-15 所示。然后单击【指定】，弹出设置对话框，选择【圆柱形】，【Rext】输入 34，【Rint】输入 0，【H】输入 13，【X】输入 90，【Y】输入 67，【Z】输入 −72，如图 6-16 所示，点击【应用】。添加的细化框大小及位置如图 6-17 所示，然后点击【关闭】。

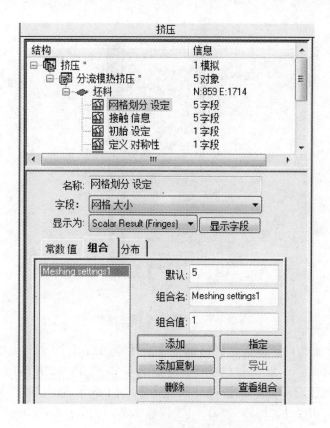

图 6-15　设置网格细化标准 1

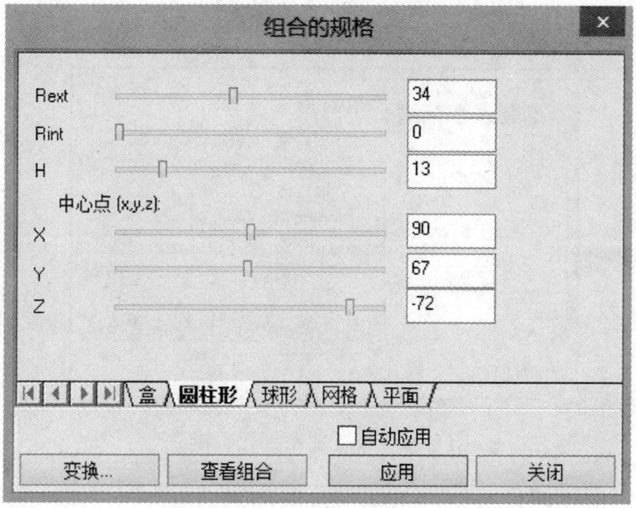

图 6-16　设置网格细化框尺寸 1

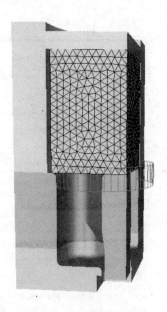

图 6-17   局部网格细化框 1

其次对分流孔内区域进行网格细化，同理添加第二个网格细化框。继续选择【添加】命令，【默认】值为 5，【组合】值为 3，如图 6-18 所示。单击【指定】，弹出设置对话框，选择【圆柱形】，【Rext】输入 34，【Rint】输入 0，【H】输入 40，【X】输入 90，【Y】输入 67，【Z】输入 −61，如图 6-19 所示。点击【应用】，添加的细化框大小及位置如图 6-20 所示。然后点击【关闭】。

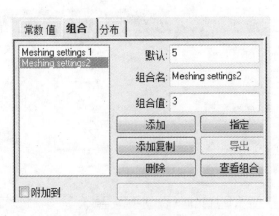

图 6-18   设置网格细化标准 2

最后对挤压模孔部位进行网格细化，以相同的方法添加第三个网格细化框。继续单击【添加】命令，【默认】值为 5，【组合】值为 1，如图 6-21 所示。单

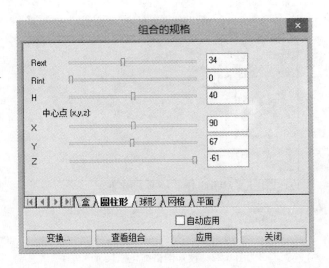

图 6-19 设置网格细化框尺寸 2

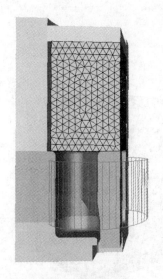

图 6-20 局部网格细化框 2

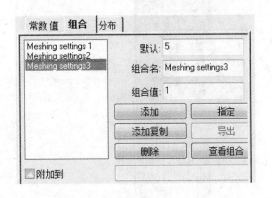

图 6-21 设置网格细化标准 3

击【指定】，在弹出对话框中选择【圆柱形】，【Rext】输入 31，【Rint】输入
0，【H】输入 70，【X】输入 90，【Y】输入 67.5，【Z】输入 –25，如图 6-22
所示。点击【应用】，添加的细化框大小及位置如图 6-23 所示。然后点击【关
闭】。

在工具栏中单击 ◆ 对坯料进行表面网格化，然后单击 ◼ 对坯料进行体积网
格化。初始坯料网格尺寸及分布情况如图 6-24 所示。

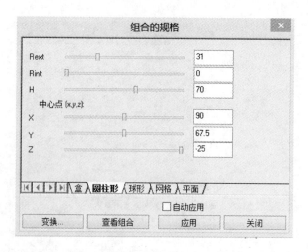

图6-22　设置网格细化框尺寸3

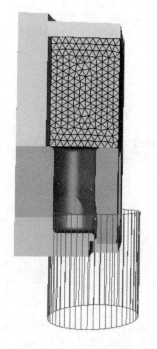

图6-23　局部网格细化框3

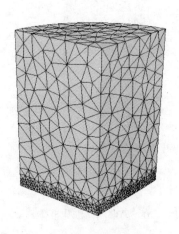

图6-24　坯料体积网格模型

6.1.4.2　模具网格划分

选择 【对象】，选择 【上模】。在工具栏中选择 对上模进行 STL 网格优化，弹出如图 6-25 所示 STL 网格重新划分对话框，保持默认选项，如图 6-25 所示，单击【确定】。然后在工具栏选择 对上模进行表面网格化，生成的上模表面网格模型如图 6-26 所示。

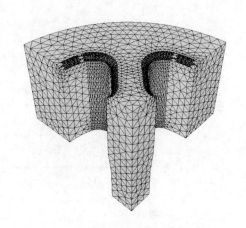

图 6-25　上模 STL 网格划分标准　　　　　图 6-26　上模表面网格模型

　　同理，按相同的方法，对下模进行的表面网格划分，如图 6-27 所示。然后对模筒和垫片依次进行网格划分，划分完成的模拟计算整体网格模型如图 6-28所示。

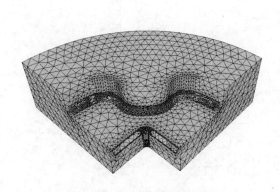

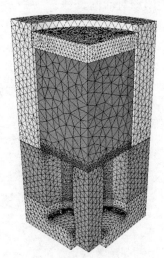

图 6-27　下模表面网格模型　　　　　图 6-28　整体计算网格模型

6.1.5　位置设置

　　分流模挤压变形量大，有时挤压时坯料在上模与模筒、上模与下模的接触面间产生飞边网格，为此可通过模具互相嵌入微小位移来解决。

选择【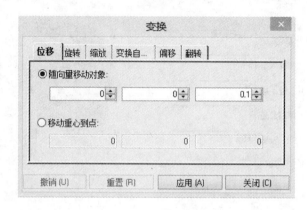对象】，选择━━上模，在工具栏中单击▦变换命令，选择【位移】，【随向量移动对象】输入（0，0，0.1），如图6-29所示，选择【应用】，上模向z轴正向，即下模方向移动0.1mm，使得上模和下模互嵌入0.1mm。关闭该对话框。

图 6-29　上模位移变换

同理，继续选择【对象】栏选择━━**模筒**。在工具栏中单击▦变换命令，选择【位移】，【随向量移动对象】输入（0，0，0.2），如图6-30所示。选择【应用】，模筒向z轴正向，即上模方向移动0.2mm，使得上模和模筒互嵌入0.2mm。关闭该对话框。

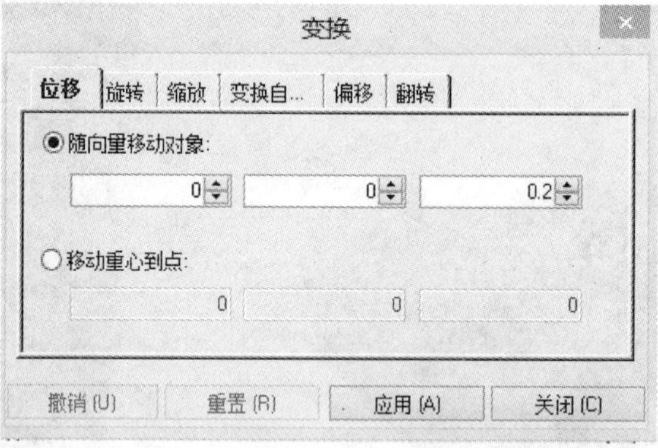

图 6-30　模筒位移变换

在【对象】栏选择▦坯料，在工具栏中单击▦调节命令，在弹出对话框中的【调节到对象】的下拉菜单中选择"上模"，【向量】设为（0，0，1），如图6-31所示，单击【应用】，关闭对话框，使得坯料表面和上模保持接触。

同理，在【对象】栏选择━━**垫片**，在工具栏中单击▦调节命令，按上述相同步骤及参数，设置坯料与垫片保持接触。

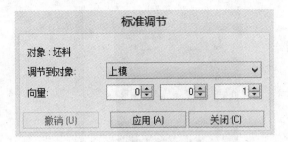

图 6-31　坯料调节

6.1.6　接触检查

选择 ⬛对象，选择 ⬛坯料，在 ⬛属性 中选择【接触信息】属性，【字段】中选择"距离"，如图 6-32 所示，点击【显示字段】命令，模型各部分的接触情况，如图 6-33 所示。

图 6-32　接触信息属性

6.1.7　对称面设定

根据模具对称性，选取 1/4 模型进行计算，因此需要定义对称面。选择 ⬛对象，选择 ⬛坯料，在 ⬛属性 中选择【定义对称性】，在对称面设置栏中点击【添加】，组合名为默认名称，如图 6-34 所示。然后点击【指定】按钮，弹出

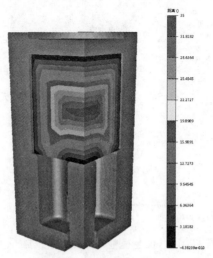

图 6-33   坯料的接触信息

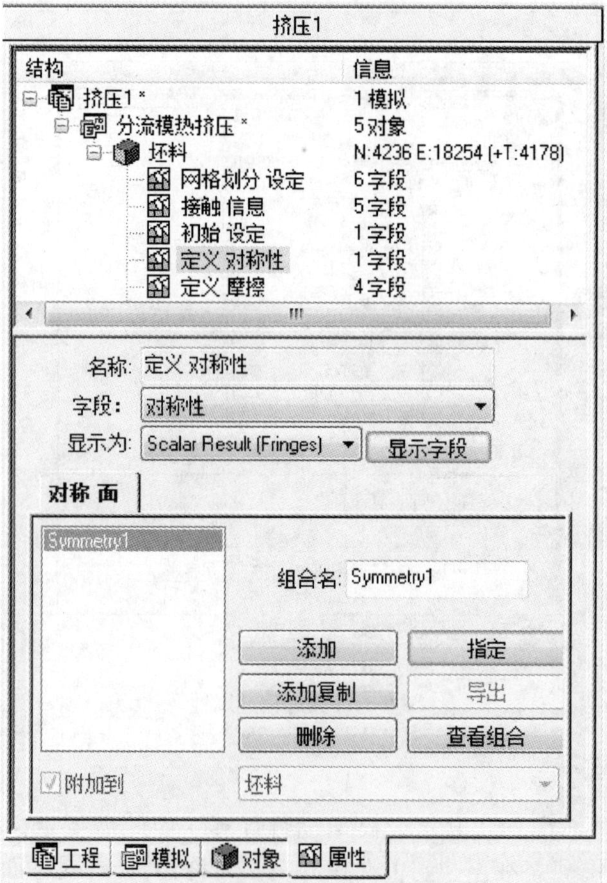

图 6-34   对称面设置

6-35 对话框, 使用 "Ctrl 键 + 鼠标左键", 在坯料对称面上的选择一点, 产生一个对称面, 如图 6-35 所示, 点击【应用】后关闭对话框。在图 6-34 中, 再次点击【添加】按钮, 以相同步骤添加另一个对称面。添加完成后, 通过图 6-34 中【显示字段】来查看两个对称面。

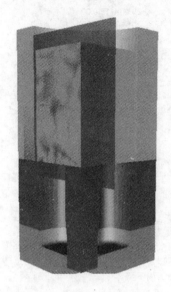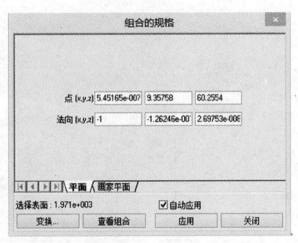

图 6-35　添加对称面

6.1.8　坯料参数设置

选择 ●对象 , 选择 ● 坯料 , 定义材质文件、初始温度、摩擦条件、热交换系数等模拟参数。

（1）在【材质文件】选项, 点击 按钮, 选择安装目录下 \ Transvalor_Solutions \ Forge_NxT_1.0 \ Data \ Forging \ Databases \ 中文 \ Meterials \ 热 \ 铝 \ AlMgSi0.6Cr.tmf, 如图 6-36 所示。

（2）定义初始温度, 【恒温】输入 "480"。

（3）在【摩擦文件（与模具）】选项中, 点击 按钮, 选择安装目录下 \ Transvalor_Solutions \ Forge_NxT_1.0 \ Data \ Forging \ Databases \ 中文 \ Friction \ 热 \ 无润滑.tff。

（4）热交换定义。在【热交换（与模具）】选项, 点击 按钮, 选择安装目录下 \ Transvalor_Solutions \ Forge_NxT_1.0 \ Data \ Forging \ Databases \ 中文 \ Exchangc \ 热 \ 钢-高温-强.tef。

设置完的参数情况如图 6-37 所示。

图 6-36 材质文件

图 6-37 坯料参数设置

6.1.9 模具参数设置

模具只需要定义初始温度。在图 6-37 中选择 ◆ 下模，在【温度】栏输入 "450"，如图 6-38 所示。同理定义上模温度为 450℃，模筒温度为 400℃，垫片温度为 30℃。

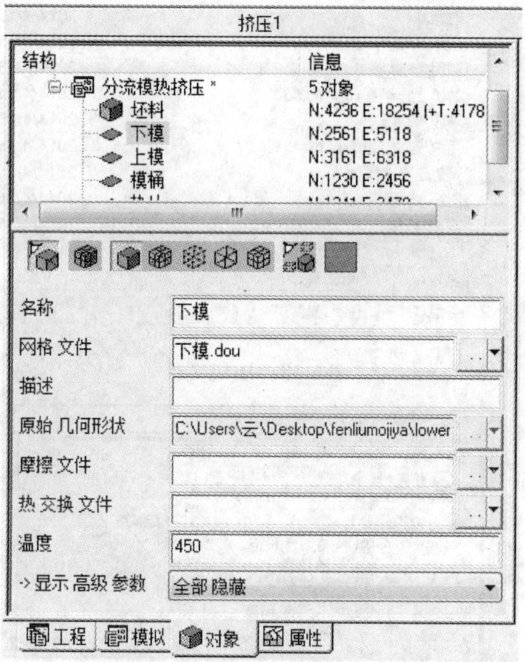

图 6-38 下模温度设置

设置垫片运动属性。在 对象 中选择 ◆ 垫片，选择 属性，选择【定义压机】，在【压机文件】中的【文件】栏点击 ▦ 命令打开浏览目录，选择 "液压_机.tkf"，如图 6-39 所示。设置【初始高度】为 −137mm，设置【最终高度】为 −100mm，设置【方向】为 +z，设置【速度】为 5mm/s，【初始等待时间】设为 5s，如图 6-40 所示。设置完成后，可通过标题栏【模拟】下来菜单的【预览运动学】命令来预览垫片运动过程。

6.1.10 计算参数设置

选择 模拟，【存储模式】设为高度，【高度存储步长】设为 1，计算结果将每隔 1mm 保存一个记录，【显示高级参数】选择 "全部可见"，如图 6-41 所示，打开【指定高度存储】浏览命令，在弹出的图 6-42 对话框中输入高度值，设置完成后单击【确定】，完成计算参数设置。

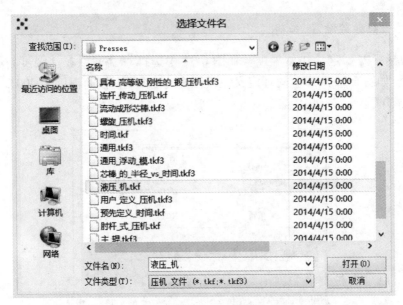

图 6-39   压机文件

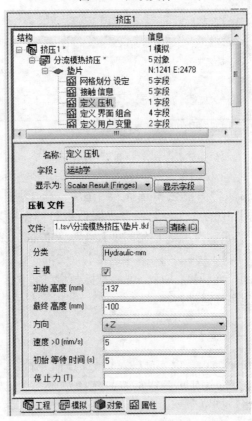

图 6-40   压机数据设置

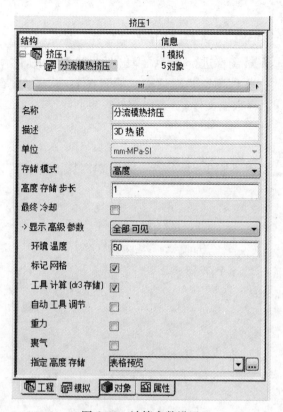

图 6-41 计算参数设置

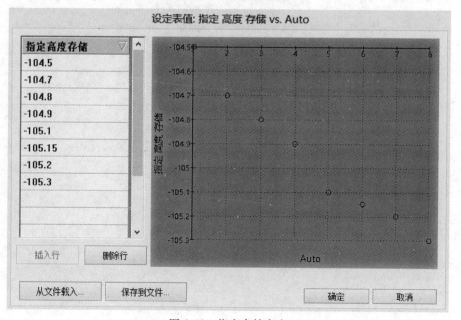

图 6-42 指定存储高度

6.1.11 检查及保存数据

在工具栏中选择 █ 图标进行保存，弹出图 6-43 所示的提示信息窗口，单击【确定】，弹出【数据文件预览】对话框，如图 6-44 所示，检查参数设置信息，确认无误后点击【保存数据文件】，退出前处理界面。

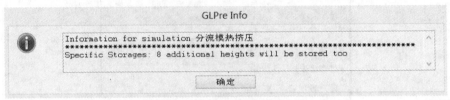

图 6-43 提示信息窗口

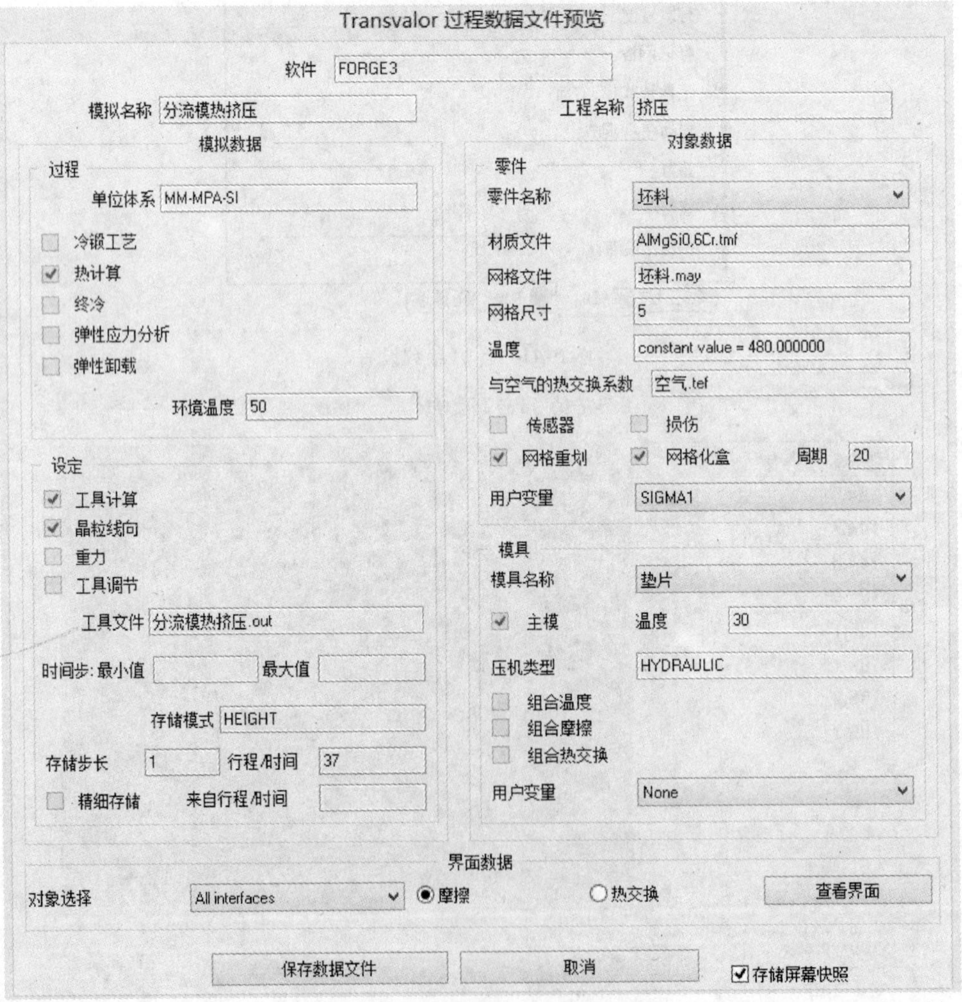

Transvalor 过程数据文件预览

软件 FORGE3

模拟名称 分流模热挤压　　　　　　工程名称 挤压

模拟数据　　　　　　　　　　　**对象数据**

过程　　　　　　　　　　　　　**零件**

单位体系 MM-MPA·SI　　　　　　零件名称 坯料

☐ 冷锻工艺　　　　　　　　　　　材质文件 AlMgSi0,6Cr.tmf

☑ 热计算　　　　　　　　　　　　网格文件 坯料.may

☐ 终冷　　　　　　　　　　　　　网格尺寸 5

☐ 弹性应力分析　　　　　　　　　温度 constant value = 480.000000

☐ 弹性卸载　　　　　　　　　　　与空气的热交换系数 空气.tef

环境温度 50

☐ 传感器　　☐ 损伤
☑ 网格重划　☑ 网格化盒　周期 20

设定　　　　　　　　　　　　　用户变量 SIGMA1

☑ 工具计算
☑ 晶粒线向　　　　　　　　　　　**模具**
☐ 重力　　　　　　　　　　　　　模具名称 垫片
☐ 工具调节

工具文件 分流模热挤压.out　　　☑ 主模　　温度 30

时间步:最小值 ___ 最大值 ___　压机类型 HYDRAULIC

存储模式 HEIGHT　　　　　　　☐ 组合温度
　　　　　　　　　　　　　　　　☐ 组合摩擦
存储步长 1 行程/时间 37　　　☐ 组合热交换

☐ 精细存储 来自行程/时间 ___　用户变量 None

界面数据

对象选择 All interfaces　● 摩擦　　○ 热交换　　[查看界面]

[保存数据文件]　[取消]　☑ 存储屏幕快照

图 6-44 数据文件预览窗口

6.2 计算和后处理

6.2.1 生成计算文件

打开 FORGE 启动器，点击【当前工程】栏的浏览按钮 ，打开"挤压.tpf"文件。然后在 1_分流模热挤压 单击鼠标右键，在下拉菜单中选择【快速启动（未启动）】，如图6-45所示。在弹出的对话框中的【过程数】输入4，如图6-46所示，然后单击【现在启动！】开始进行计算。

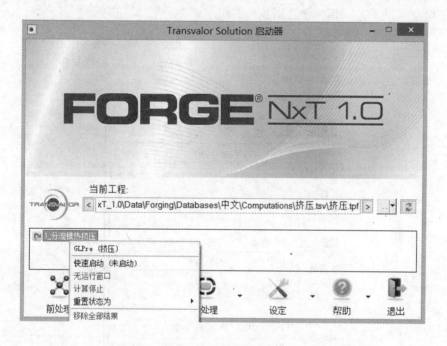

图 6-45　启动器界面

6.2.2 模拟结果分析

计算完成后，结果任务为绿色对号的图标 1_分流模热挤压，在此图标上单击鼠标右键，在弹出菜单中选择【GLview Inova】，进入后处理界面。

（1）镜像设置。在后处理界面，选择【图】，勾选【启用镜像】，在【重复】输入镜像值3，如图6-47所示。选择 结果 (R)，在工具栏上选择 命令显示网格，通过选择"Shift + 鼠标右键"隐藏模具，挤压过程的坯料网格模型局部细化情况，如图6-48所示。

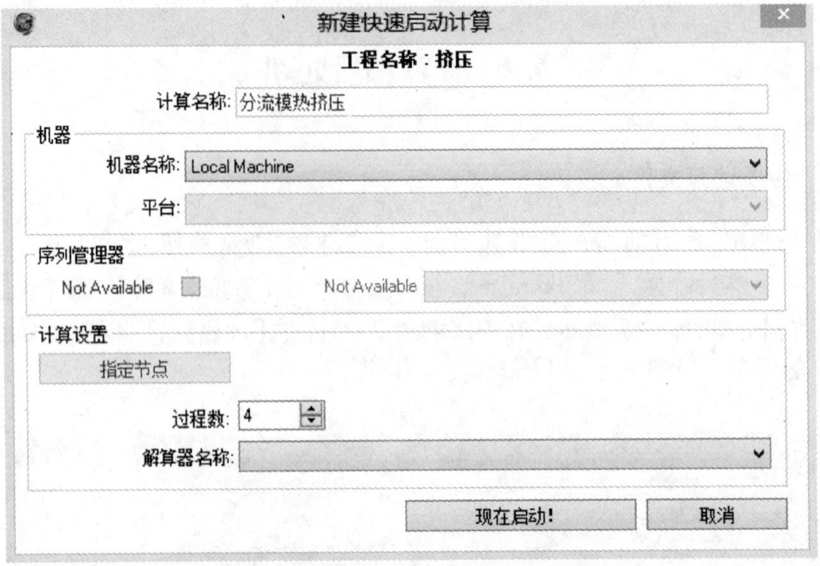

图 6-46 启动计算窗口

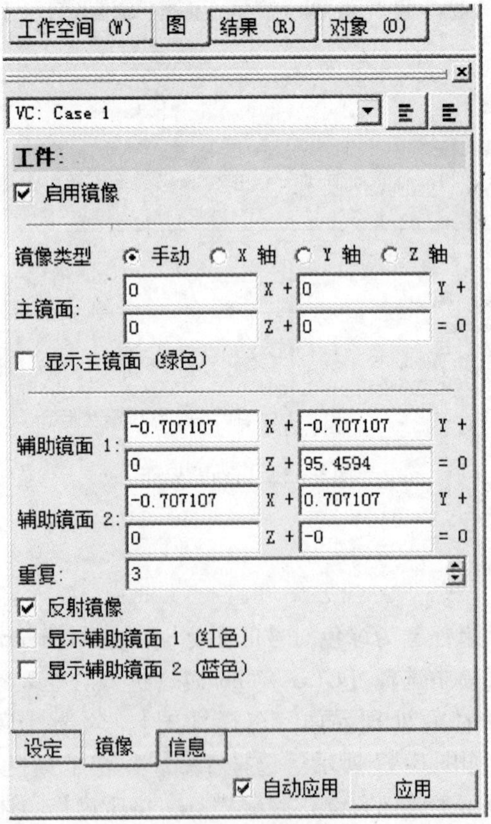

图 6-47 镜像设置

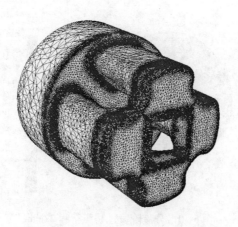

图6-48 挤压全过程网格细化情况

（2）在结果中，如要对温度场进行分析，可在【标量】中【零件结果】下，通过鼠标左键双击【温度】，如图6-49所示，首先选择计算步数为25，然后依次选择所需计算步数，获得分流模挤压时，分流阶段、焊合阶段及成型阶段的金属温度分布及流动情况分别如图6-50～图6-52所示。

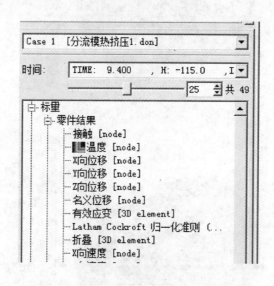

图6-49 选择温度场

（3）在【标量】中【零件结果】下，通过鼠标左键双击【名义速度】，选择步数为33步，在【向量】中通过鼠标左键双击【速度】，根据图6-53来调节速度矢量箭头大小，获得挤压过程速度云图与金属流动方向的叠加图，如图6-54所示。

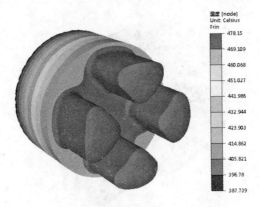

图 6-50   分流阶段（挤压行程 22mm）

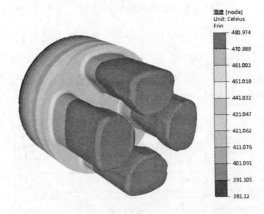

图 6-51   焊合阶段（挤压行程 31mm）

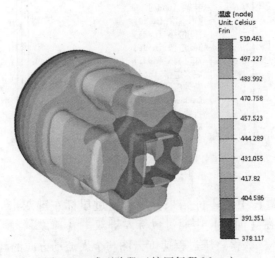

图 6-52   成型阶段（挤压行程 36mm）

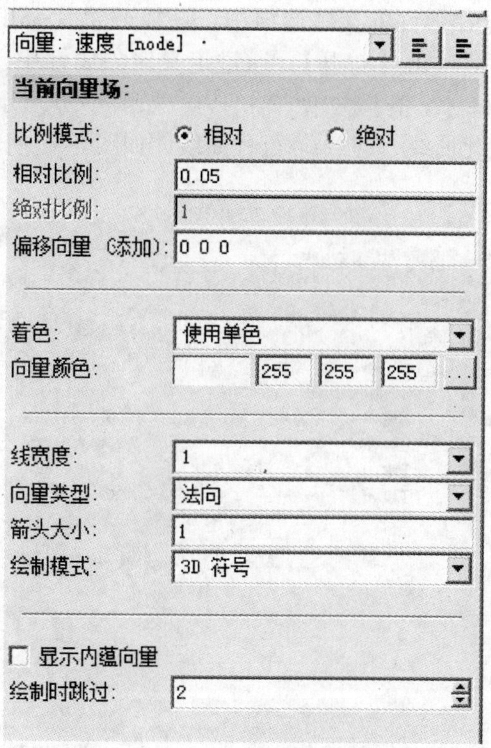

向量: 速度 [node] ·

当前向量场:

比例模式: ⦿ 相对   ○ 绝对

相对比例: 0.05

绝对比例: 1

偏移向量 (添加): 0 0 0

着色: 使用单色

向量颜色: 255 255 255 ...

线宽度: 1

向量类型: 法向

箭头大小: 1

绘制模式: 3D 符号

☐ 显示内蕴向量

绘制时跳过: 2

图 6-53　矢量箭头的调整对话框

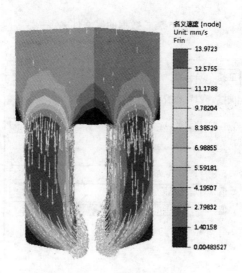

图 6-54　速度与矢量的叠加图

（4）查看载荷-行程曲线。在标题栏中点击【图】下拉选项中【用 VTF 文件的 2D 序列新建图】，在弹性的文件选项中，选择"垫片 . vtf"文件，如图 6-55 所示。选择垫片，然后单击【打开】，通过定义对象属性中【X 值】、【Y 值】，定义【X 值】为步数，【Y 值】为沿 z 轴的力，如图 6-56 所示。得出随着挤压行程的增加，挤压力变化曲线，即载荷-行程曲线，如图 6-57 所示。

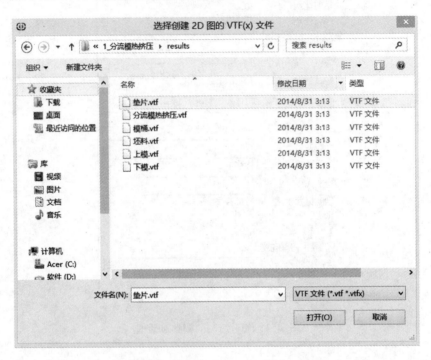

图 6-55   数据曲线文件夹

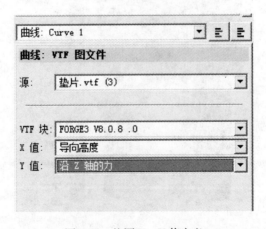

图 6-56   垫圈 X、Y 值定义

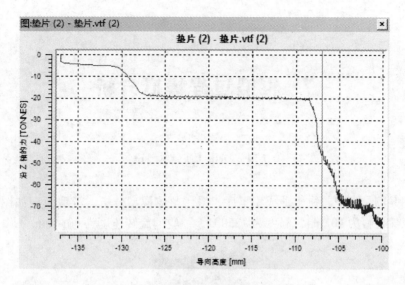

图 6-57　随挤压行程变化的挤压力

复习思考题

6-1　如何在前处理模块添加新模块?

6-2　简述局部网格划分的作用及步骤。

6-3　在前处理中如何设置指定高度存储或指定时间存储?

6-4　在后处理界面如何查看截面的材料流动速度?

7 辊锻过程模拟分析

7.1 问题分析

此案例是一个二次辊锻成型工序，采用整体模型分析，辊锻模型如图 7-1 所示。工件材料为 40Mn4，温度为 1250℃，主辊的旋转速度为 60r/min。

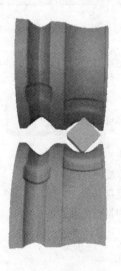

图 7-1 辊锻模型

7.2 模型建立

7.2.1 创建新工程

打开 FRGE NxT1.0 主窗口，通过前处理模块【GLPre】，打开【新建工程】，在弹出【新建工程】对话框中，选项中选择 新建工程，定义【工程名称】为"辊锻"，如图 7-2 所示，然后点击【确定】。出现模拟对话框，点击 Template mode ，选择 3D only ，然后选择"3D_锻_辊.tst"，将【模拟名称】改为"Two_passes"，如图 7-3 所示。点击【确定】进入前处理界面，如图 7-4 所示。

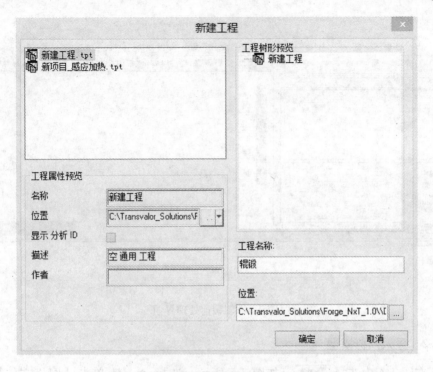

图 7-2　新建工程窗口

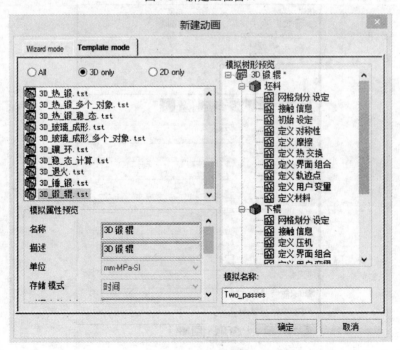

图 7-3　新建模拟窗口

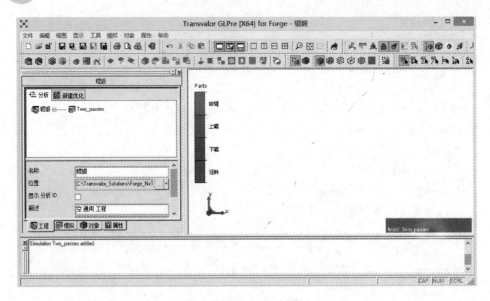

图 7-4　辊锻前处理界面

7.2.2　导入几何模型

在图 7-4 中选择 对象，如图 7-5 所示，选择 坯料 单击【网格文件】中

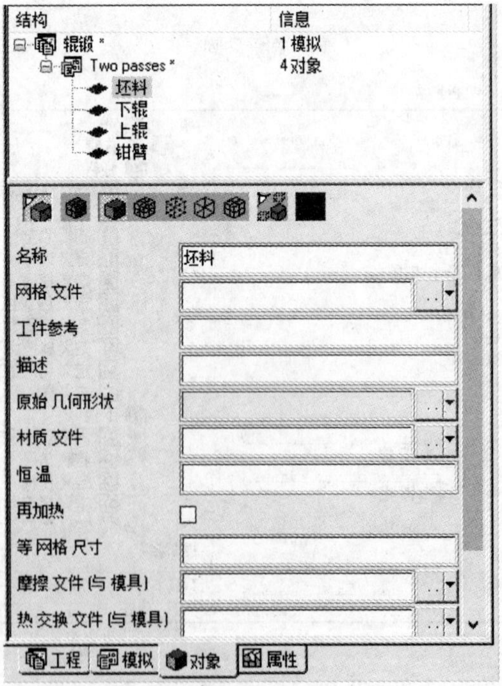

图 7-5　对象基本信息窗口

▦，导入坯料文件，选择安装目录下＼Transvalor_Solutions＼Forge_NxT_1.0＼Data＼Forging＼Databases＼English＼Geometries＼3D＼Reducer_rolling＼Part.may，如图7-6所示。同理选择 ➡ 下辊和 ➡ 上辊，添加下辊"Lower_roll"文件，上辊"Upper_roll"文件，导入的坯料、上辊和下辊的STL模型如图7-7所示。

图7-6　几何模型文件目录

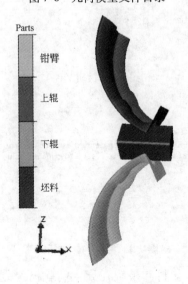

图7-7　导入的STL模型

7.2.3　坯料属性设置

在 **对象** 栏定义坯料基本参数属性。包括材料定义、初始温度定义、摩擦文件及热交换系数设定，如图 7-5 所示。

（1）材料定义。在【材质文件】选项中，通过点击 **…** 按钮，选择"热"文件夹中"钢"文件夹下的"40Mn4. tmf"，如图 7-8 所示。

（2）温度定义。在【恒温】选项栏输入"1250"，在弹出的图 7-9 窗口中点击 **是(Y)** 。

图 7-8　材质文件

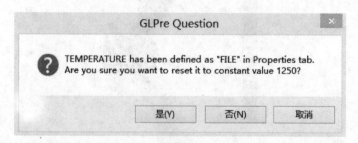

图 7-9　温度确认对话框

（3）网格划分。由于坯料和模辊在导入前就已经划分好网格，故无需网格划分。但如果认为坯料网格尺寸过大，也可在【等网格尺寸】栏中输入 2。单击

■显示初始 STL 网格，在 ■ 弹出的对话框保持默认值，通过 ■ 进行表面网格化。单击体积网格 ■ 命令生成体积网格。

（4）摩擦定义。在【摩擦文件（与模具）】选项中，通过 ■ 按钮，在"热"摩擦文件夹中选择"无润滑.tff"摩擦，如图7-10所示。

图 7-10　摩擦文件

（5）热交换定义。在【热交换（与模具）】选项，点击 ■ 按钮，在"热"文件夹中"钢-高温-弱.tef"摩擦文件，如图7-11所示。相同的摩擦条件将用于坯料和所有刚性模具的接触表面。

7.2.4　钳臂设置

由于本例为分为两次辊锻，一次为预锻，一次为终锻，因此在预锻结束转到终锻时就需要用到钳臂。

（1）几何定义。在 ■ 对象 栏选择 ← 钳臂，选择 ■ 属性，选择 ■ 定义几何形状，如图7-12所示，【在指定钳臂几何形状】栏单击 ┌ 添加 ┐ 命令，然后选择 ┌ 指定 ┐ 定义钳臂的位置，设置位置及尺寸参数，【长度】为20，【宽度】为100，【高度】为100；【X 最小值】为 -10，【Y 最小值】为 -50，【Z 最小值】为 -50，如图7-13所示。

（2）基本参数设置。进入 ■ 对象 栏，在【与对象连接】选择"坯料"，将坯料附加到钳臂。为此它将通过程序控制坯料移动。【分量 X 模式】选择"速度"，

图 7-11　热交换文件

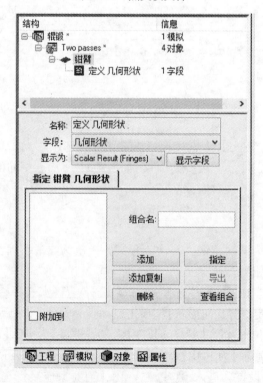

图 7-12　钳臂几何形状

【沿 Y 轴的速度】和【沿 Z 轴的速度】为 0，【沿 X 轴的速度】不定义。这里定义表示表面节点不能在 y 和 z 方向移动。钢坯只能向 x 方向移动，【静态】选项不勾选，如图7-14所示。

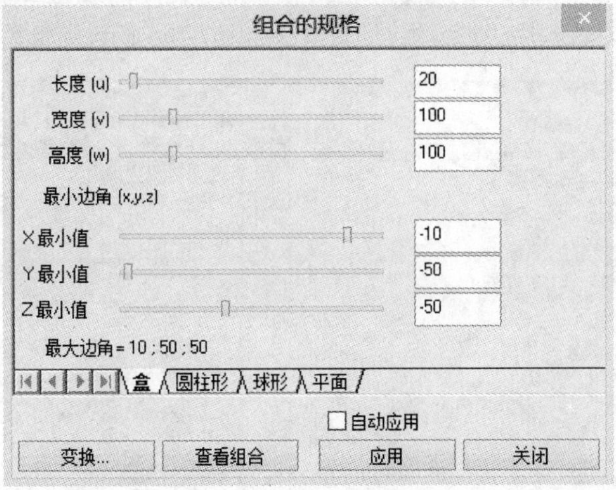

图 7-13　钳臂几何形状对话框

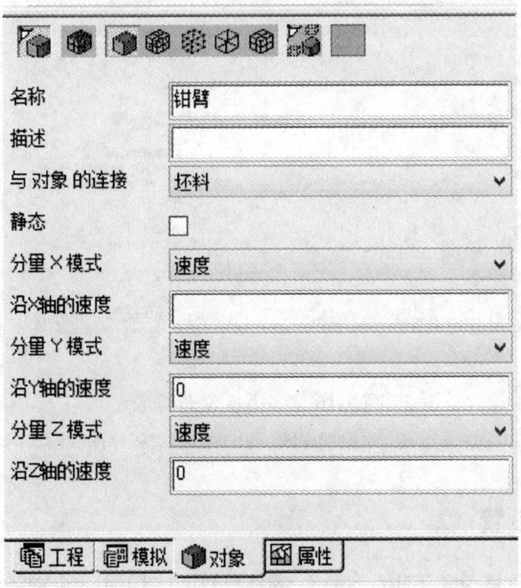

图 7-14　钳臂基本参数设置

7.2.5　多道次文件定义

引入多道次文件可以定义钢坯翻转，旋转或重置参考位置。本例中钢坯从一

道次沿着 y 方向移动 100mm，以 x 轴为轴旋转 90°到第二道次。

　　通过文本编辑器打开并编辑多道次文件，本例文件名为 reducer_rolling，文件目录为 Transvalor_Solutions\Forge_NxT_1.0\Data\Forging\Databases\English\Geometries\3D\Reducer_rolling。将 🗐 Reducer_Rolling.mpf 文件修改为 🗐 辊锻.mpf。通过记事本打开文件，对该程序进行编辑，编辑前后如图 7-15 所示，编辑完成后保存退出。

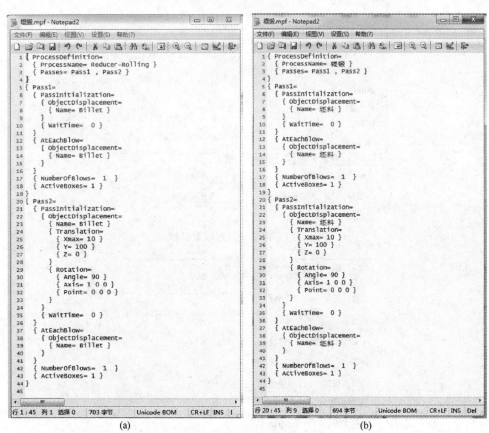

图 7-15　多道次文件定义

(a) 原始程序图；(b) 二道次程序图

7.2.6　锻辊属性设置

　　（1）下辊。选择 ◆ 下辊，进入 🖾属性 栏，单击 🖾 定义压机，然后在【压机文件】栏单击 ▥ 浏览命令，在弹出压力机对话框中选择"锻_辊.tkf3"，如图 7-16 所示，点击打开。在【压机文件】栏定义压机属性，勾选【主模】项，【旋转速度】设为 60r/min，【时间】设为 0.3s，【旋转轴】设为（0，1，0），【轴点】设为（300，0，-186），选择【多道次文件】浏览按钮，选

图 7-16　压机文件

择上节设定保存的多道次文件"辊锻 . mpf"如图 7-17 所示，下辊属性设置完成，如图 7-18 所示。

　　注：点击多道次文件选项中的箭头可以直接修改多道次文件。

图 7-17　多道次文件文件夹

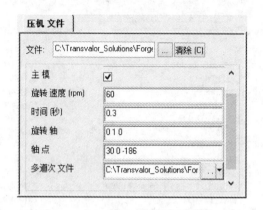

图 7-18　下辊压机属性设置

（2）上辊。选择 上辊，进入 属性 栏，单击 定义压机，然后在【压机文件】栏单击 浏览命令，在弹出压力机对话框中选择"锻_辊.tkf3"。在【压机文件】栏定义压机属性，不勾选【主模】项；【旋转速度】设为 60r/min；【时间】设为 0.3s；【旋转轴】设为（0，−1，0）；【轴点】设为（30，0，186），多道次文件不定义。设置完成后如图 7-19 所示。

单击标题栏【模拟】下拉菜单的【预览运动学】，如图 7-20 所示，观察锻辊的运动情况。通过预览，可知锻辊和坯料是不接触的，为此，使用【应用运动学】使其接触。

单击标题栏【模拟】下拉菜单中的【应用运动学】，如图 7-20 所示，在弹出图 7-21 对话框中单击【选中全选】、【确定】，加载完成后，辊与坯料接触，设置

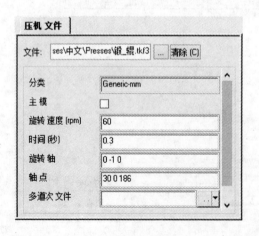

图 7-19　上辊属性设置　　　　　　　　　　　　图 7-20　模拟下拉菜单

前后分别如图 7-22 和图 7-23 所示。

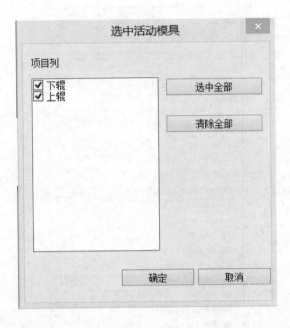

图 7-21　应用运动学对话框

图 7-22　应用运动学前

图 7-23　应用运动学后

7.2.7　模拟参数定义

进入 [模拟] 界面，在【存储模式】选择"时间"，将【时间存储步长】定为 0.015，【最小温度步长】设为 0.003，【最大温度步长】设为 0.003，其他选项均为默认，如图 7-24 所示。

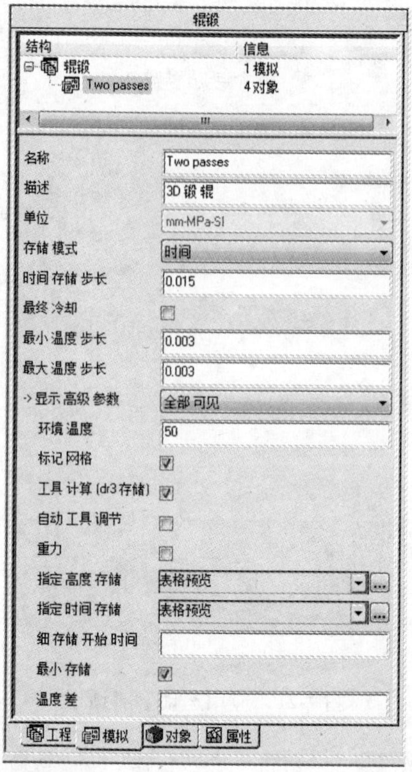

图 7-24　模拟参数设定

7.2.8　检查及保存数据

在【文件】下拉菜单里点击【保存】，或者直接点击■图标进行保存。弹出图 7-25 所示的窗口，单击【确定】，根据信息情况，弹出图 7-26 所示的窗口，继续单击【确定】，弹出【数据文件预览】对话框，如图 7-27 所示，检查参数设置信息。确认无误后点击【保存数据文件】，退出前处理界面。

图 7-25　提示保存窗口

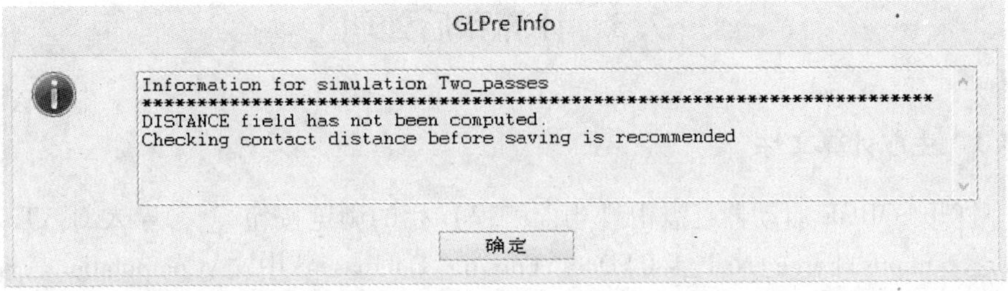

GLPre Info

Information for simulation Two_passes
****
DISTANCE field has not been computed.
Checking contact distance before saving is recommended

确定

图 7-26　提示信息窗口

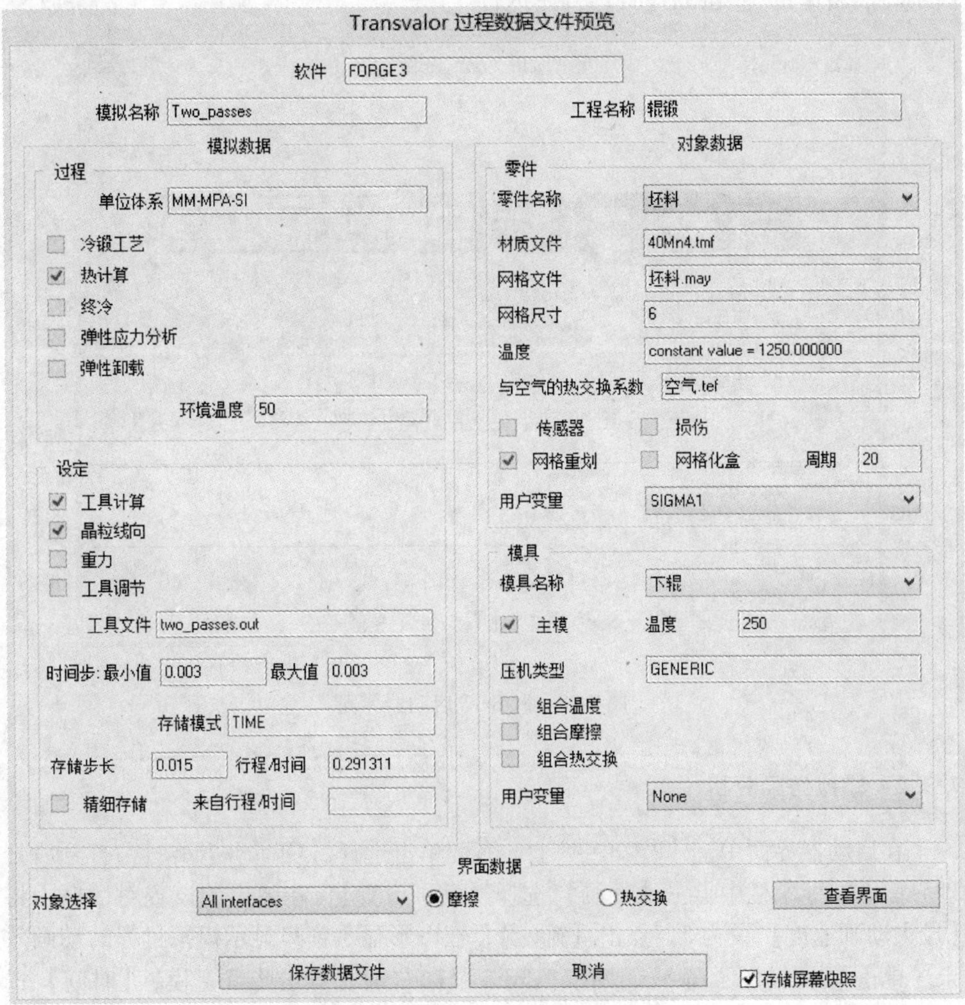

Transvalor 过程数据文件预览

软件　FORGE3

模拟名称 Two_passes　　　　　　　　　　工程名称 辊锻

模拟数据　　　　　　　　　　　　　　　　对象数据

过程　　　　　　　　　　　　　　　　　零件

单位体系 MM-MPA-SI　　　　　　　　　零件名称　　　坯料

☐ 冷锻工艺　　　　　　　　　　　　　材质文件　　　40Mn4.tmf

☑ 热计算　　　　　　　　　　　　　　网格文件　　　坯料.may

☐ 终冷　　　　　　　　　　　　　　　网格尺寸　　　6

☐ 弹性应力分析　　　　　　　　　　　温度　　　　　constant value = 1250.000000

☐ 弹性卸载　　　　　　　　　　　　　与空气的热交换系数　空气.tef

　　　　环境温度 50　　　　　　　　　☐ 传感器　　　☐ 损伤

设定　　　　　　　　　　　　　　　　☑ 网格重划　　☐ 网格化盒　周期 20

☑ 工具计算　　　　　　　　　　　　　用户变量　　　SIGMA1

☑ 晶粒线向

☐ 重力　　　　　　　　　　　　　　　模具

☐ 工具调节　　　　　　　　　　　　　模具名称　　　下辊

　　工具文件 two_passes.out　　　　　☑ 主模　　温度　　250

时间步:最小值 0.003　最大值 0.003　　压机类型　　　GENERIC

　　　存储模式 TIME　　　　　　　　　☐ 组合温度

存储步长 0.015　行程/时间 0.291311　☐ 组合摩擦

☐ 精细存储　来自行程/时间　　　　　☐ 组合热交换

　　　　　　　　　　　　　　　　　　用户变量　　　None

界面数据

对象选择　All interfaces　　◉ 摩擦　　○ 热交换　　查看界面

保存数据文件　　　取消　　　☑ 存储屏幕快照

图 7-27　数据文件预览窗口

7.3　计算和后处理

7.3.1　生成计算文件

打开 FORGE 启动器，点击【当前工程】栏的浏览按钮 ⬚，导入 C:\Trans-valor_Solutions\Forge_NxT_1.0\Data\Forging\Databases\中文\Computations\辊锻.tsv\辊锻.tpf。在 ⟳ 1_Two_passes 单击鼠标右键，在下拉菜单中选择【快速启动（未启动）】，如图 7-28 所示，在弹出的对话框中的【过程数】输入 4，如图 7-29 所示，然后单击【现在启动！】开始进行计算。

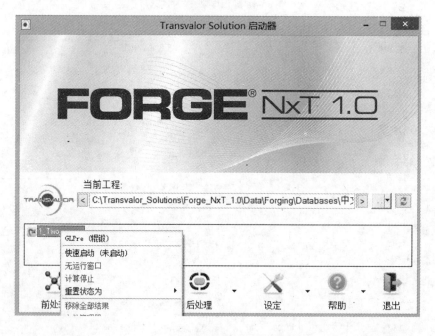

图 7-28　FORGE 启动器界面

7.3.2　模拟结果分析

在启动器界面中 ☑ 1_Two_passes 上，右键单击选择【GLview Inova】，打开后处理界面。在标题栏中点击【动画】选择【动画设置】，在弹出的设置对话框中将【最大动画速度】设为 5，点击【确定】，在图形显示窗口显示模拟过程的动画效果。单击 ⬡ 网格显示命令，按住"Ctrl + 鼠标右键"点击隐藏上模，【时间】选择 12 和 28，分别得到第一道次与第二道次辊锻时的坯料变形情况，如图 7-30 和图 7-31 所示。

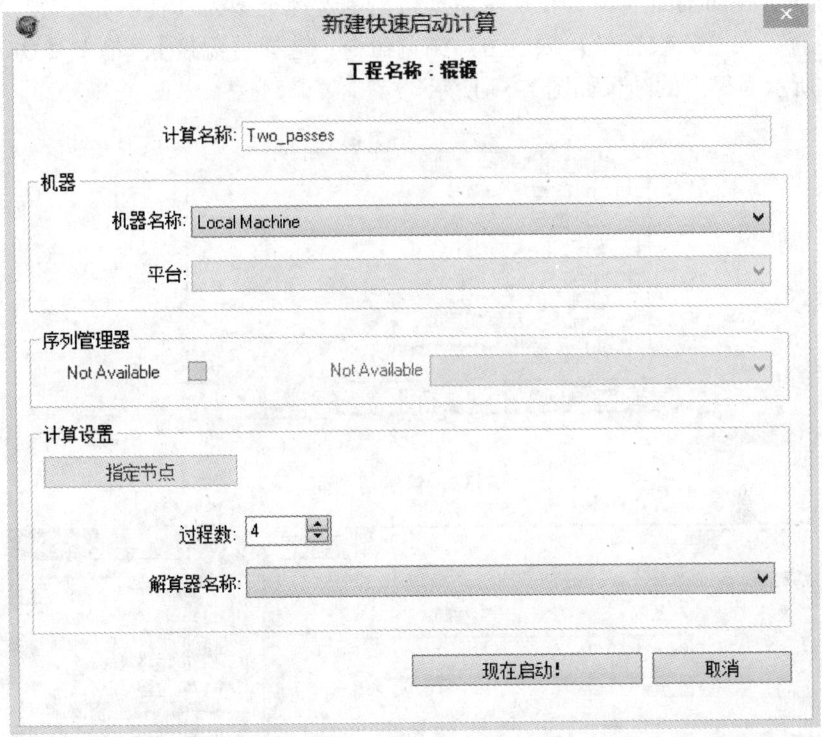

新建快速启动计算

工程名称：辊锻

计算名称：Two_passes

机器

机器名称：Local Machine

平台：

序列管理器

Not Available

Not Available

计算设置

指定节点

过程数：4

解算器名称：

现在启动！ 取消

图 7-29 启动计算窗口

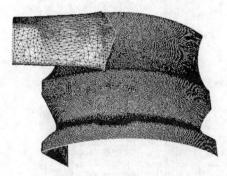

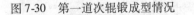

图 7-30 第一道次辊锻成型情况

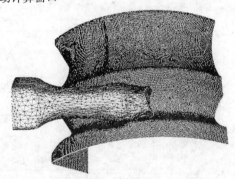

图 7-31 第二道次辊锻成型情况

在模拟结果中，可对辊锻成型件的轴向和径向任意面进行分析。本例选择第二道次的成型情况，沿轴向及径向分别新建两个切割面，并且两个切割面相垂直交叉，分别显示位移和温度云图。具体操作如下，在 对象 (0) 栏中，右键单击【切割面】，或在工具栏中选择 图标，进行创建切割面，如图 7-32 所示。首先切割面类型为【法向】，适当地移动游标位置，点击【云纹标量】的浏览按钮，选择【名义位移】，单击【OK】命令，如图 7-33 所示。在工具栏中选择 图标，再次新建切割面（2），在切割面规格栏中选择类型为【柱向】，适当地移动游标位置，在【云纹标量】项单击┉浏览命令，选择【温度】，单击【OK】，如图7-34所示。得出的结果如图7-35所示。

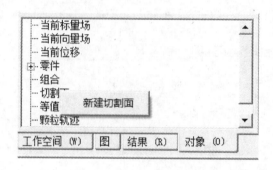

图 7-32   新建切割面

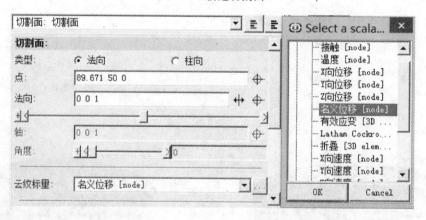

图 7-33   法向切割面设置

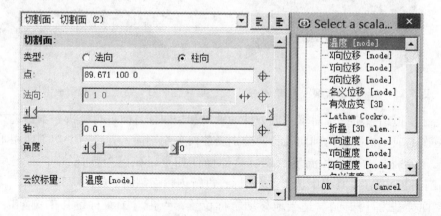

图 7-34   柱向切割面设置

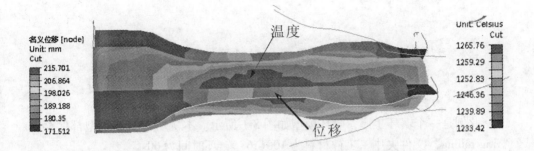

温度

位移

名义位移 [node]
Unit: mm
Cut

215.701
206.864
198.026
189.188
180.35
171.512

Unit: Celsius
Cut

1265.76
1259.29
1252.83
1246.36
1239.89
1233.42

图 7-35　坯料切割面显示

复习思考题

7-1　辊锻模拟有哪些注意事项?

7-2　如何编辑自动工序设定?

7-3　在后处理中如何运用切割面同时观察两个工件结果?

8 辗环过程模拟分析

此例是一个辗环工序，辗环模型如图 8-1 所示。本例所有三维模型都保存在 "ring rolling" 文件夹中，工件材料为 100Cr6，辗环时间为 60s。

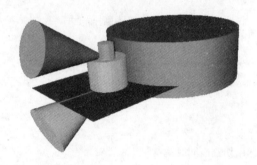

图 8-1 辗环模型

8.1 模 型 建 立

8.1.1 创建新工程

打开 FRGE NxT1.0 主窗口，通过前处理模块【GLPre】，打开【新建工程】，在弹出【新建工程】对话框中，选择 🔲 新建工程，如图 8-2 所示，定义【工程名称】为 "Ring Rolling"，然后【确定】。在模拟对话框中点击 Template mode ，选择 ⊙ 3D only，选择 "3D_辗_环.tst" 模拟模板，如图 8-3 所示，更改【模拟名称】为 "Ring Rolling"，点击【确定】，进入出前处理界面，如图 8-4 所示。

8.1.2 导入几何模型

进入 🔲对象 栏，选择 ⟵ 环，出现如图 8-5 所示的窗口，单击【网格文件】中 ⋯，选择安装目录 Transvalor_Solutions\Forge_NxT_1.0\Data\Forging\Databases\English\Geometries\3D\Ring Rolling，打开 "Ring Rolling" 文件夹，在【文件类型】中选择【等值线文件】，然后选择表面网格化文件 "ring.dxf"，如图 8-6 所示，点击【打开】。

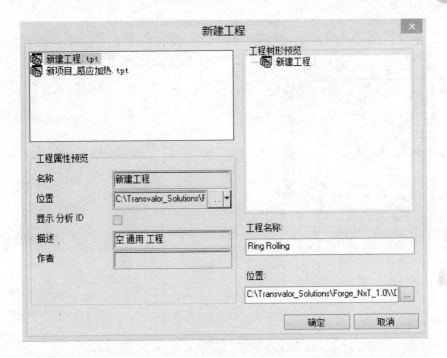

图 8-2　新建工程窗口

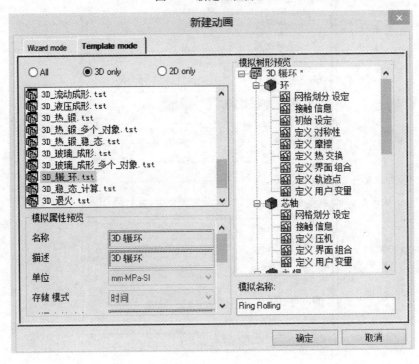

图 8-3　新建模拟窗口

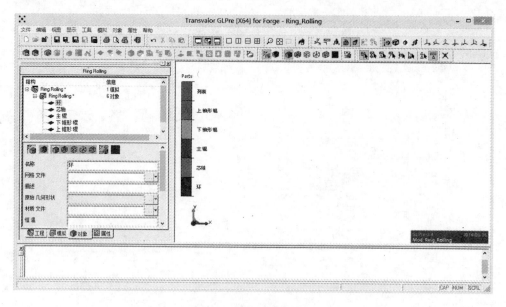

图 8-4　辗环前处理界面

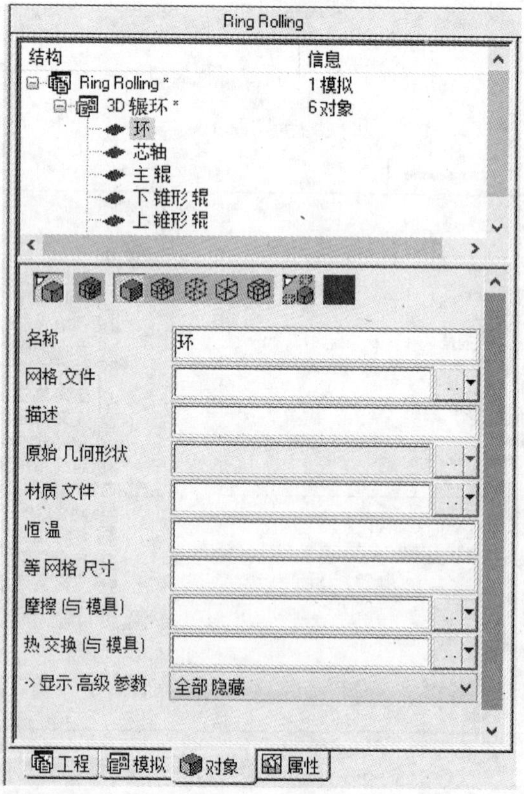

图 8-5　环基本参数设置

图 8-6　导入等值线文件

同理，以同样的步骤选择 芯轴文件 "mandrel. dxf"； 主辊 文件 "king _ roll. dxf"； 下锥形辊 文件 "conical _ roll. dxf"； 上锥形辊 文件 "conical_roll. dxf"，由于上、下锥形辊相同，故模型文件为同一个。导入的等值线文件皆为二维图形，如图 8-7 所示。在辗环模拟设置中，环的轴向只能沿 z 轴方向，芯轴运动必须沿 x 轴正向移动。

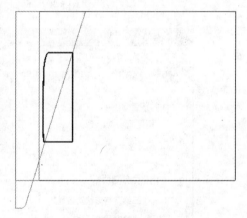

图 8-7　导入的等值线图

8.1.3　网格模型构建

8.1.3.1　环网格创建

在 对象 栏选择 环，选择【等网格尺寸】项，输入 30，对其二维线框进行划分，在【网格文件】选项后单击 ，选【创建…】，如图 8-8 所示。在弹出的【初始网格创建】对话框中选择【2D->3D 网格生成器】，【角度范围】输入 360，【角度步长数】输入 100，如图 8-9 所示，设置完成后，单击【应用】，生成如

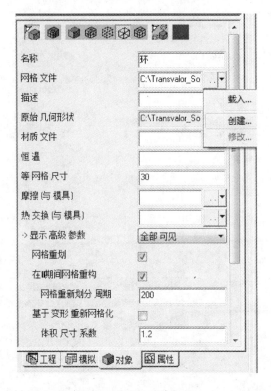

图 8-8　创建初始网格文件

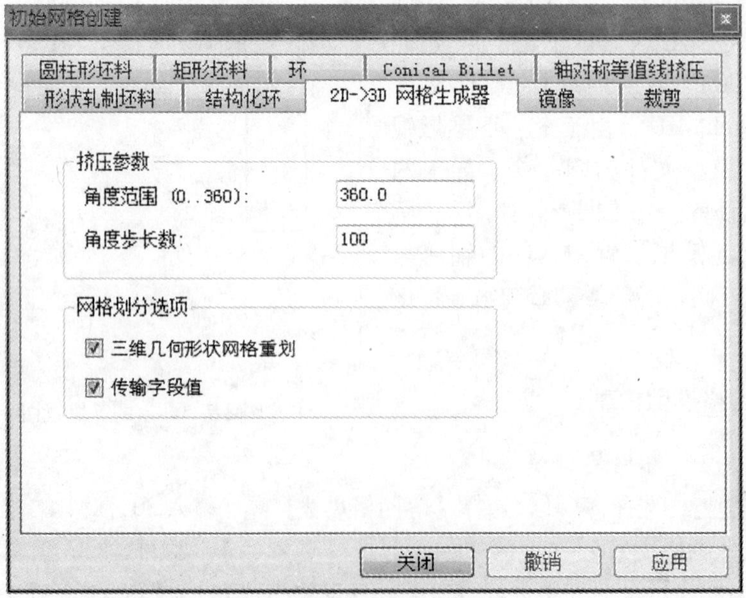

图 8-9　环的 2D->3D 网格生成器对话框

图 8-10 所示的环几何模型。在图 8-8 所示
【显示高级参数】中选择【全部可见】，【体
积尺寸系数】设为 1.2。

注：网格尺寸大，精度低，计算时间少；但网
格过多，计算效率低。故为了兼顾计算精度和效率，
网格尺寸大小的定义标准为，能保证生成光滑的
实体。

在 ⬛对象 栏，继续选择 ⬥ 环，对其内表
面进行细划分，外表面进行粗划分，本例选
择创建结构化网格进行划分，在【网格文件】
选项后单击 ⬇，选【创建…】，如图 8-8 所
示。在弹出的初始网格创建对话框中选择

图 8-10 环的网格模型

【结构化环】栏，在【精度（%最大尺寸）】项输入 0.01，如图 8-11 所示，【挤
压参数】栏中，单击【编辑】命令，弹出【设定表值】对话框，如图 8-12 所
示，点击【从文件载入】命令，在弹出文件窗口中选择"angle_ring"，如图 8-13
所示，导入【设定表值】，如图 8-14 所示，单击【确定】，在结构化网格对话框
中单击【应用】，加载完成后，关闭对话框，生成的环的网格模型如图 8-15
所示。

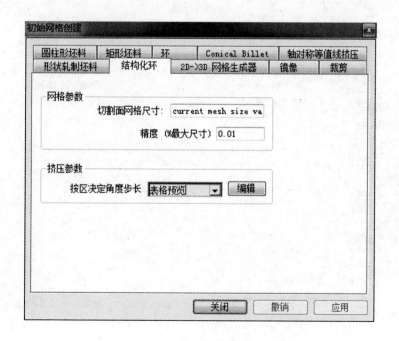

图 8-11 环的结构化网格对话框

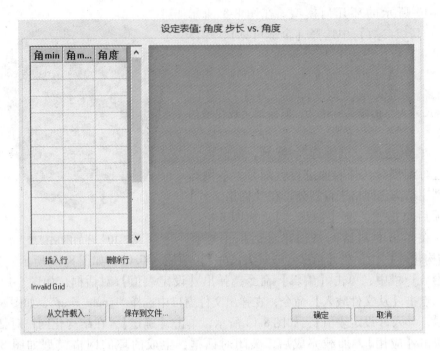

图 8-12　设定表值对话框

图 8-13　切割面角度分配文件

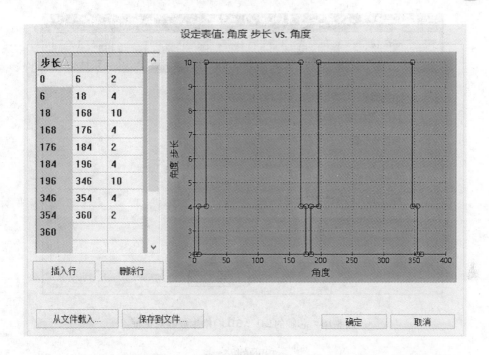

图 8-14　导入文件后的设定表值对话框

8.1.3.2　模具网格创建

同理对芯轴网格划分，在【对象】栏选择
芯轴，在【网格文件】选，选【创建…】，
在弹出的【初始网格创建】对话框中选择【2D-
>3D 网格生成器】，【角度范围】输入 360，【角
度步长数】输入 180，取消勾选【三维几何网格
重划】，设置完成后，单击【应用】，如图 8-16 所
示，生成的芯轴模型如图 8-17 所示。按照和生成
芯轴相同的操作步骤及所填数据，生成主辊、下
锥形辊和上锥形辊。

8.1.3.3　创建工作台

建立工作台，在【对象】栏选择 列表，在

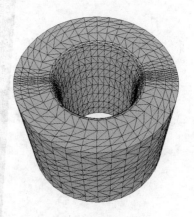

图 8-15　环的网格模型

【名称】中，【网格文件】选，选【创建…】，在弹出的初始网格创建对话框中
选择【带材】，定义【带材的长度】和【带材的宽度】皆为 1200，如图 8-18 所
示。点击【应用】并关闭对话框。生成的辗环模拟的初始几何模型如图 8-19 所
示，为了能够显示该几何模型的整体情况，可通过工具栏的显示命令，对显示情
况调整。

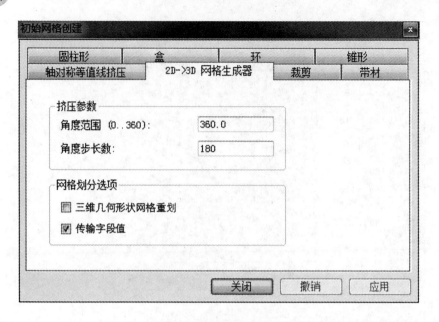

图 8-16   芯轴的 2D->3D 网格生成器对话框

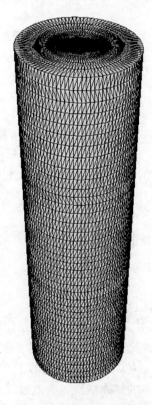

图 8-17   芯轴几何模型

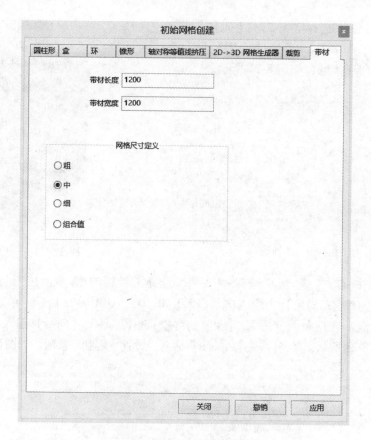

图 8-18 工作台设置对话框

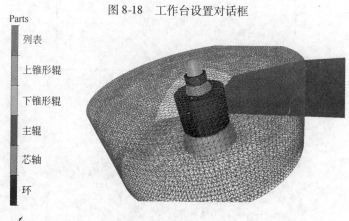

图 8-19 未调整位置的模型

8.1.4 几何模型位置设置

（1）芯轴。进入 对象 栏，选择 芯轴，选择工具栏的 ▦ 调节按钮，在

【调节到对象】选择"环"，【向量】栏输入(1，0，0)，如图8-20所示，单击【应用】后，关闭对话框。此时芯轴和环接触，如图8-21所示。

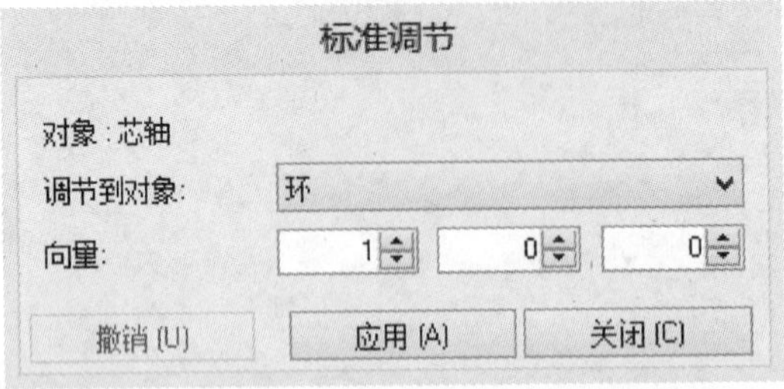

图 8-20 芯轴调节

图 8-21 芯轴与环接触

（2）主辊。在 对象 栏选择 主辊，选择工具栏的 变换按钮，选择【位移】，【随向量移动对象】中输入向量(1500，0，0)，如图8-22所示。单击【应用】关闭对话框。单击 调节命令，【调节到对象】选择"环"，【向量】输入（−1，0，0），如图8-23所示，单击【应用】后关闭对话框，设置主辊和环接触，如图8-24所示。

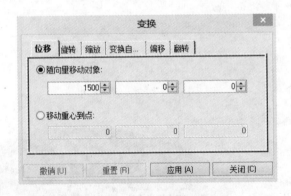

图 8-22 主辊位移调整

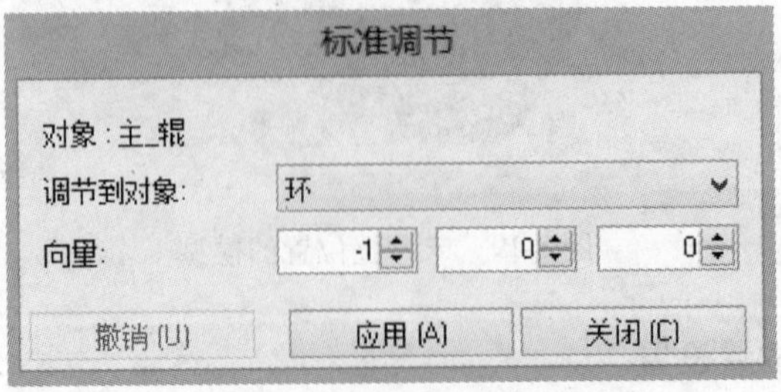

图 8-23 主辊调节

（3）下锥形辊。在 ⬚对象 栏选择
🔸下锥形辊，选择工具栏 🔷变换按钮，
选择【旋转】，【旋转中心】项选择原
点，【旋转轴】输入（0，1，0），【角
度】输入 –107.5，如图 8-25 所示。单
击【应用】后，继续选择【位移】，在
【随向量移动对象】输入（–1000，0，
0），如图 8-26 所示，单击【应用】后

图 8-24 主辊与环接触

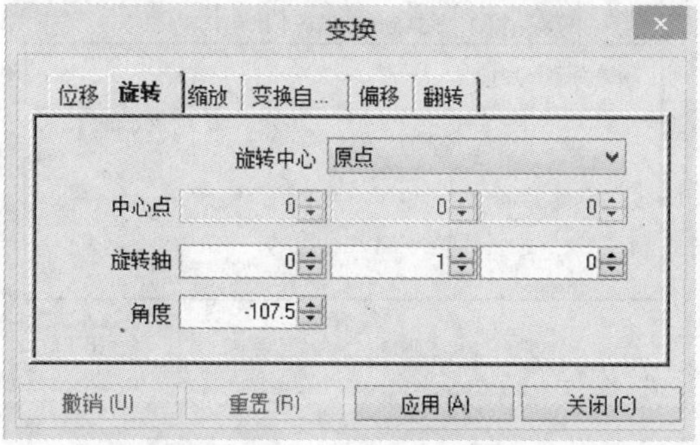

关闭对话框。单击🔳调节命令，在弹出对话框中，【调节到对象】选择"芯轴"，
【向量】输入（1，0，0），如图 8-27 所示，单击【应用】后关闭对话框。

图 8-25 下锥形辊旋转设置

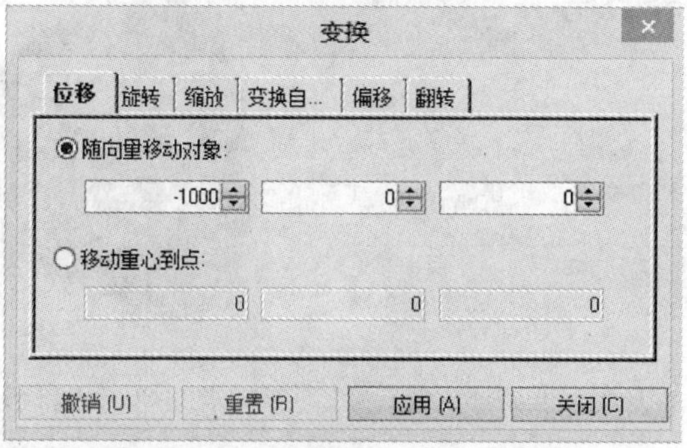

图 8-26 下锥形辊 1 次位移设置

继续单击🔷变换命令，在【随向量移动对象】输入（–20，0，–1000），
如图 8-28 所示，单击【应用】后关闭对话框，使下锥形辊向 x 轴负方向移动
20mm，向 z 轴负方向移动 1000mm。单击🔳调节命令，在弹出对话框中，如图 8-
29 所示，【调节到对象】定为"环"，【向量】输入（0，0，1），单击【应用】，
关闭对话框，位置调整后的几何模型如图 8-30 所示。

图 8-27   下锥形辊调节设置

图 8-28   下锥形辊 2 次位移设置

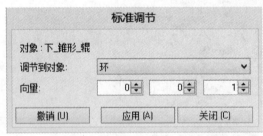

图 8-29   下锥形辊调节到环设置   图 8-30   下锥形辊、环、芯轴位置

（4）上锥形辊。在【对象】栏选择 ◆ 上锥形辊，选择 变换按钮，选择【旋转】，【旋转中心】选择原点，【旋转轴】输入（0, 1, 0），【角度】输入 –72.5，如图 8-31 所示，单击【应用】后，继续选择【位移】，在【随向量移动对象】输入（–1000, 0, 0），如图 8-32 所示，单击【应用】关闭对话框。单击 调节命令，在弹出对话框中，【调节到对象】选择"芯轴"，【向量】输入（1, 0, 0），如图 8-33 所示，单击【应用】关闭对话框。

图 8-31　上锥形辊旋转设置

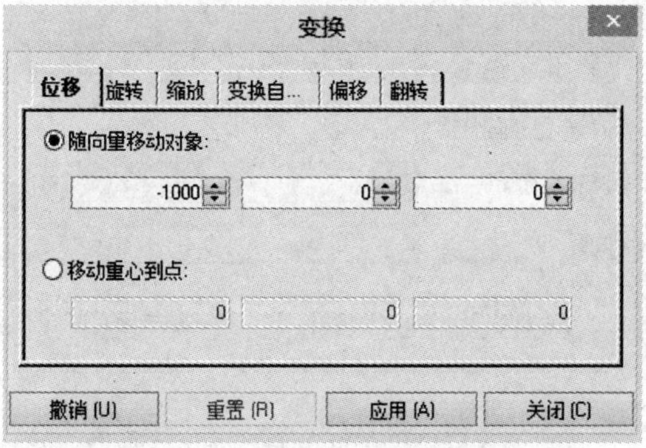

图 8-32　上锥形辊 1 次位移设置

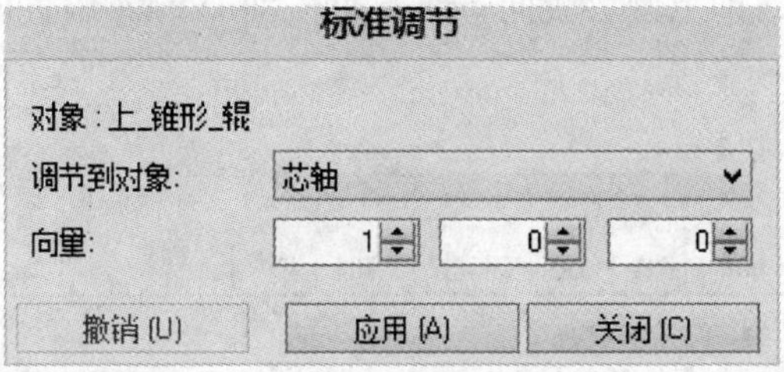

图 8-33　上锥形辊调节到芯轴设置

继续单击变换命令，在【随向量移动对象】输入(−20，0，1000)，如图 8-34 所示，单击【应用】后关闭对话框，使下锥形辊向 x 轴负方向移动 20mm，向 z 轴正方向移动 1000mm。单击调节命令，将【调节到对象】定为"环"，【向量】输入(0，0，−1)，如图 8-35 所示，单击【应用】关闭对话框。

图 8-34 上锥形辊 2 次位移设置

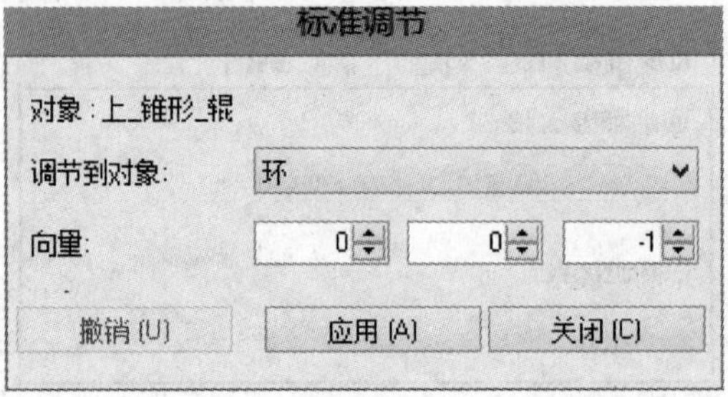

图 8-35 上锥形辊调节到环设置

再次点击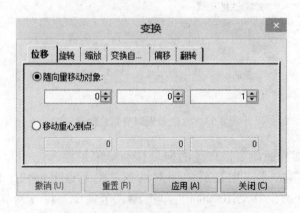变换对话框，选择【位移】输入（0，0，1），如图 8-36 所示，单击【应用】关闭，即上锥形辊向 z 轴方向移动 1mm。位置调整后的几何模型，如图 8-37 所示。

图 8-36 上锥形辊 3 次位移设置

（5）列表。在 【对象】选择 ✦ 列表，选择 变换按钮，选择【位移】栏，在【随向量移动对象】输入（−600，−600，−300），如图 8-38 所示，单击【应用】关闭对话框。单击 调节命令，弹出如图 8-39 所示对话框，在【调节到对象】中选择"环"，【向量】输入（0，0，1），单击【应用】，关闭对话框。再次单击 变换按钮，在对话框中选择【位移】栏，【随向量移动对象】输入（0，0，−0.5），如图 8-40 所示。辗环模拟的几何模型的位置调节已经全部完成，如图 8-41 所示。

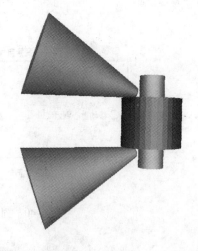

图 8-37　上锥形辊、下锥形辊、环、芯轴位置

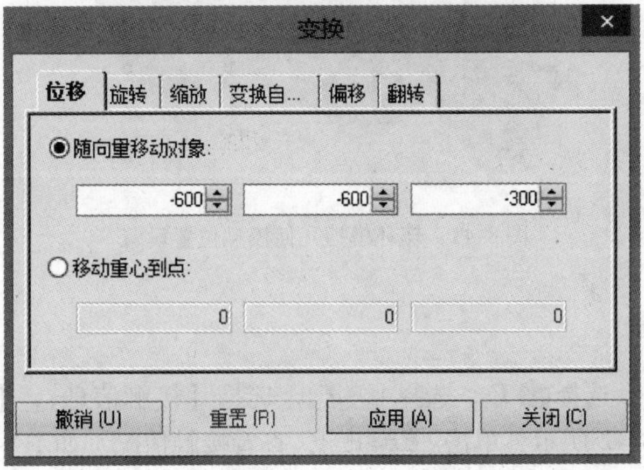

图 8-38　列表位移 1 次设置

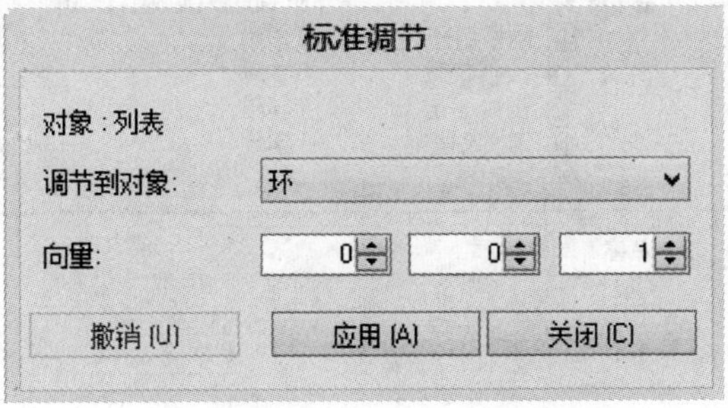

图 8-39　列表调节设置

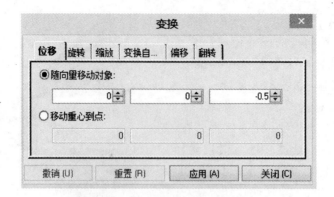

图 8-40   列表位移 2 次设置

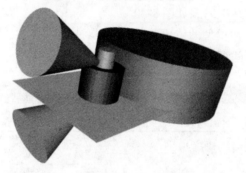

图 8-41   辗环模拟几何模型位置设置

8.1.5   接触检查

选择 ◼对象 ，选择 ◼环，选择 ◼属性 ，选择【接触信息】，【字段】处选择 "距离"，如图 8-42 所示，单击 显示字段 ，查看接触情况，如图 8-43 所示，检查

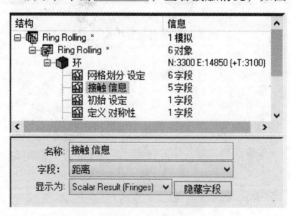

图 8-42   环的属性

完成后单击 隐藏字段 。

Distance ()
135.542
123.22
110.898
98.5761
86.2541
73.932
61.61
49.288
36.966
24.644
12.322
-4.96967e-005

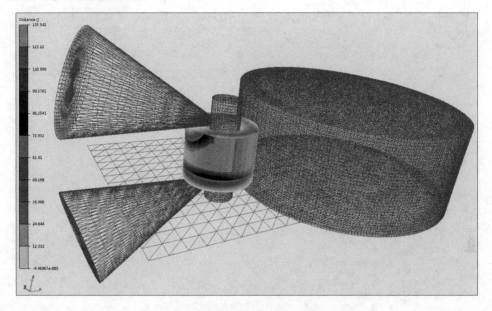

图 8-43 环的接触信息检查

8.1.6 设置基本参数

在 对象 栏选择 环，在如图 8-44 所示对话框中设置环的基本参数，包括材料定义、初始温度定义、摩擦文件及热交换系数。

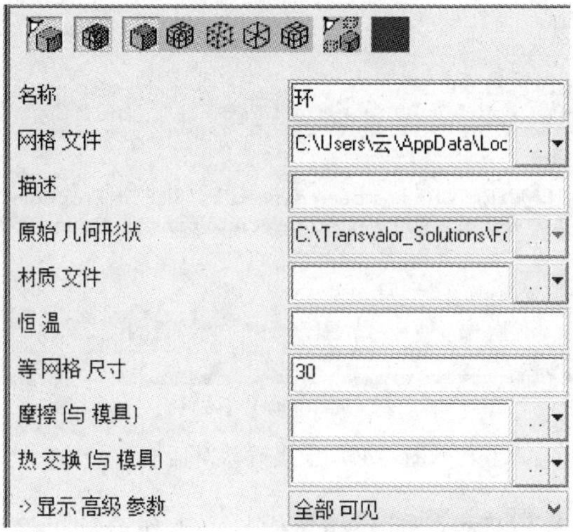

名称
环
网格 文件
C:\Users\云\AppData\Loc
描述
原始 几何形状
C:\Transvalor_Solutions\Fc
材质 文件
恒温
等网格 尺寸
30
摩擦 (与 模具)
热交换 (与 模具)
-> 显示 高级 参数
全部 可见

图 8-44 环基本参数设置

（1）材料定义。在【材质文件】选项中，点击▦命令打开浏览，材料所在文件夹为 Material＼热＼钢，选择"100Cr6. tmf"材料文件，如图 8-45 所示。

图 8-45　材质文件

（2）温度定义。在【恒温】选项栏输入"1050"。弹出确认对话框，如图 8-46所示，单击"是"。

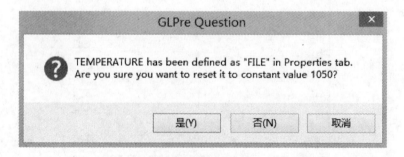

图 8-46　温度确认对话框

（3）摩擦定义。辗环模拟时，环与模具、工作台间的摩擦不同，故需要分别定义。在图 8-44 中【摩擦（与模具）】选项中，通过▦命令，在"热"文件夹中选择"无润滑.tff"摩擦文件，如图 8-47 所示，即环与上锥形辊、下锥形辊、芯轴、主辊表面间的摩擦条件为无润滑。

图 8-47 摩擦文件

同理，在 [对象] 栏选择 列表，在【摩擦文件】中通过点击 浏览命令，打开"热"文件夹，选择"滑动.tff"，定义了环与列表，也就是环与工作台的摩擦为滑动摩擦。

（4）热交换定义。在 [对象] 中选择 环，在【热交换（与模具）】项，单击 命令，打开"热"文件夹，选择"钢-高温-弱.tef"传热文件，如图 8-48 所示，即环与上锥形辊、下锥形辊、芯轴、主辊表面间热交换相同。

同理，在 [对象] 中选择 列表，在【热交换文件】项，点击 命令，打开"热"文件夹，选择"绝热.tef"摩擦文件，即工作台和环之间为绝热状态。

8.1.7 模具参数设置

（1）温度设定。分别选择 [对象]，将上锥形辊、下锥形辊、芯轴、主辊等模具的温度设为系统默认的 250℃。

（2）模具运动属性设置。在 [对象] 栏选择 主辊，转到 [属性] 栏，选择【定义压机】属性，在【压机文件】栏单击 命令，如图 8-49 所示，打开压机

图 8-48　热交换文件

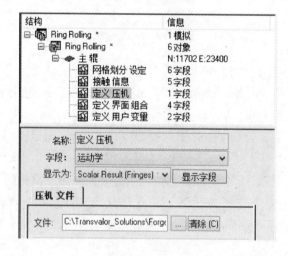

图 8-49　主辊属性

文件夹，选择"主辊.tkf3"，如图 8-50 所示。设置【旋转速度】为 20r/min，设置【旋转轴】为 (0，0，-1)，【轴点】为 (1005.47，0，0)，设置【时间】为 60s，设置完成如图 8-51 所示。

图 8-50　压机文件

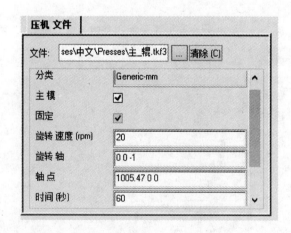

图 8-51　压机运动参数设置

（3）芯轴。在 [对象] 栏选择 ➡ 芯轴，转到 [属性] 栏，选择【定义压机】属性，在如图 8-49 所示的窗口中的【压机文件】栏，点击 ⋯ 按钮打开压机文件夹，选择"自动旋转芯棒和轴辊 . tkf3"。在压机通用数据设置栏，将【压机模式】定义为"高度 vs 时间"，【锻造轴】选择"X"轴，如图 8-52 所示。

辗环过程中，芯轴沿 x 轴方向的速度是先增大后减小的过程，因此需设置速度曲线。为此在图 8-52 中，点击【高度值】选项的 ··· 浏览命令，在弹出自定义速度值对话框中，依次输入时间跟高度的数值，如图 8-53 所示，设置完成后，点击【确定】。勾选【自动旋转轴】，定义【旋转轴系数】为 1。

8.1.8 计算参数设置

点击 模拟栏，选择【存储模式】为"时间"。【时间存储步长】设为 1s。计算结果将每隔 1s 保存一个记录；【最终冷却】不勾选，【定心方向】选择为"沿 Y 轴"。在

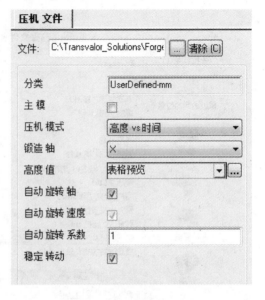

图 8-52 定义芯轴压机模式

【显示高级参数】中选择"全部可见"。【环境温度】设为"30"，【高级参数】不勾选，其他设为默认，如图 8-54 所示。

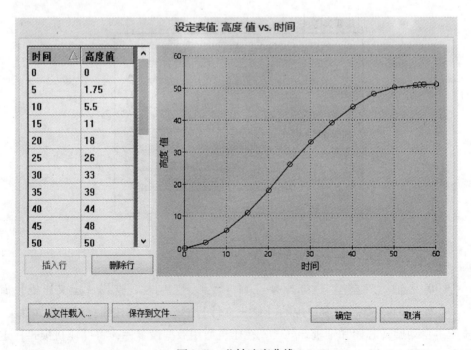

图 8-53 芯轴速度曲线

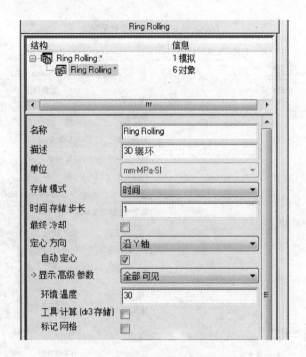

图 8-54　计算参数设置

8.1.9　检查及保存数据

所有参数都设置好后，在工具栏点击 图标进行保存，根据信息情况，弹出如图 8-55 所示的提示信息窗口，继续单击【确定】，弹出【数据文件预览】对话框，如图 8-56 所示，检查参数设置信息。确认无误后点击【保存数据文件】，退出前处理界面。

图 8-55　提示信息窗口

8.2　计算和后处理

8.2.1　生成计算文件

打开 FORGE 启动器，点击【当前工程】栏的浏览按钮 ，本文路径 C:\

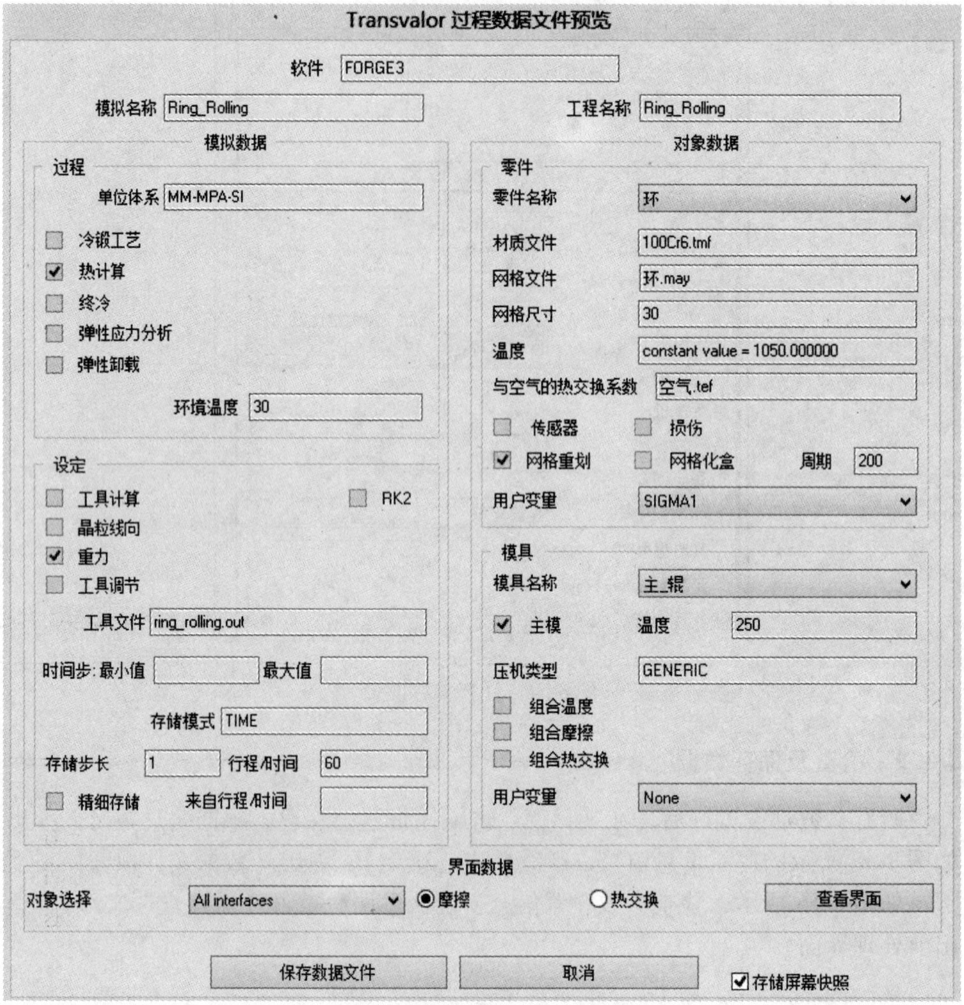

图 8-56 数据文件预览对话框

Transvalor_Solutions\Forge_NxT_1.0\Data\Forging\Databases\中文\Computations\RingRolling. tsv\Ring_Rolling. tpf，如图 8-57 所示。在 🔄 1_Ring_rolling 处单击鼠标右键，在下拉菜单中选择【快速启动（未启动）】，如图 8-58 所示，在弹出的对话框中的【过程数】输入 4，如图 8-59 所示，然后单击【现在启动！】开始进行计算。

8.2.2 模拟结果分析

计算完成后，任务栏 🔄 1_Ring_rolling 图标变为 ☑ 1_Ring_Rolling，右键单击选择【GLview Inova】，打开后处理及界面，如图 8-60 所示。

（1）变形过程的显示。在标题栏中选择【动画】下拉菜单中的【动画设置】。将【最大动画速度】的数值改为 5，点击确定后即可在图形显示窗口观察

图 8-57 工程文件夹

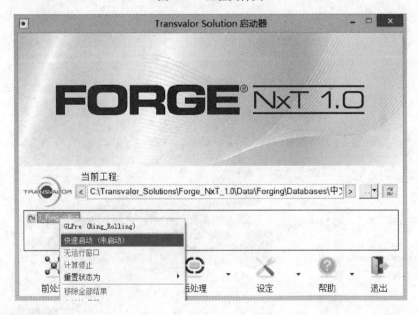

图 8-58 FORGE 启动器界面

整个辗环的变形过程。

（2）查看状态变量。在后处理窗口中的数据分析查看下拉菜单里，在想要观察的结果上双击鼠标，即可在图形显示窗口看到。双击【温度】，结果如图 8-61 所示。在【温度】上单击鼠标右键，选择【显示为等值线】，【层次】选为 4，【图例

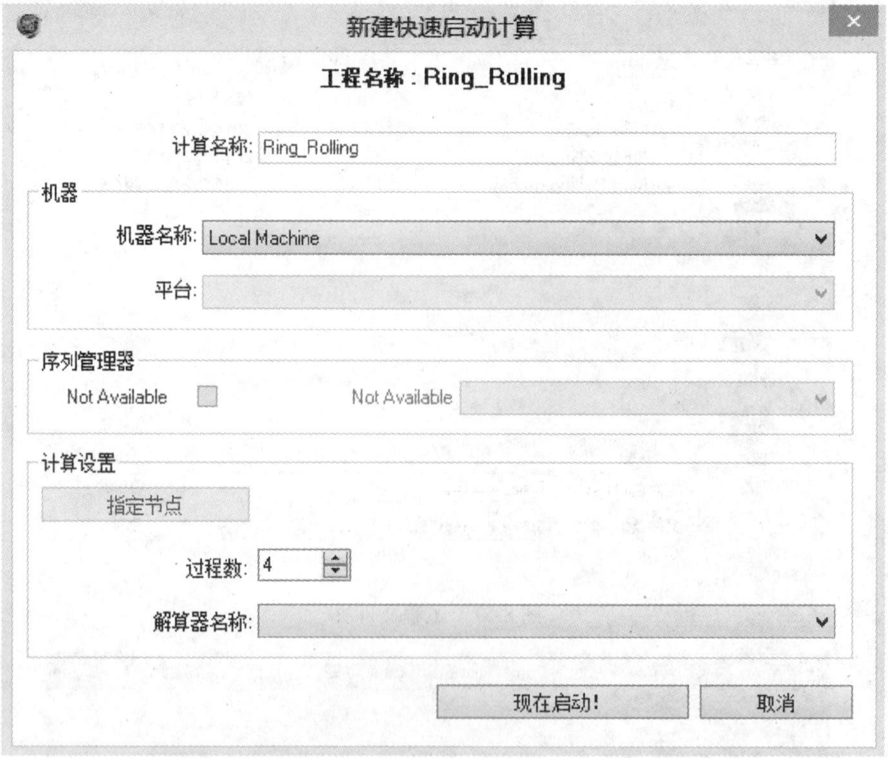

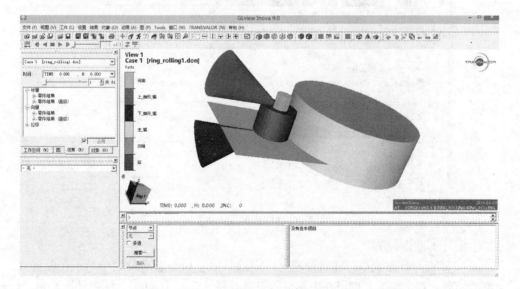

图 8-59　启动计算窗口

图 8-60　辗环后处理界面

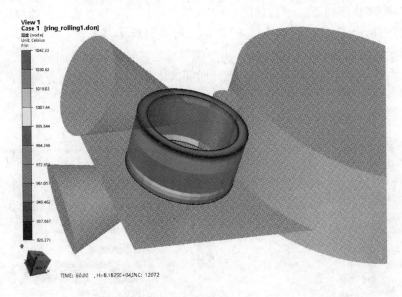

图 8-61　辗环温度显示图（60s）

着色】选为"金属"，如图 8-62 所示，生成图 8-63 所示的温度等值线图。

（3）查看数据曲线。查看芯轴的位移图，在标题栏中点击【图】，选择【用

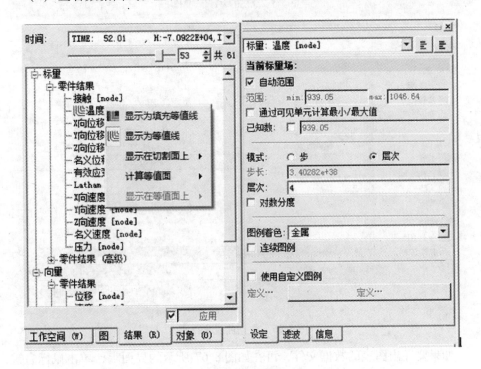

图 8-62　显示等值线设置

VTF 文件的 2D 序列新建图】，如图 8-64 所示。在弹出文件夹窗口，选择"芯轴.vtf"，如图 8-65 所示，点击【打开】。定义对象属性中【X 值】、【Y 值】，如图 8-66 所示，定义【X 值】为时间，由于模拟时是芯轴沿 x 轴方向移动，所以【Y 值】设为沿 x 轴位移，可得出随着辗压时间的增加，芯轴沿 x 轴方向的位移，如图 8-67 所示。

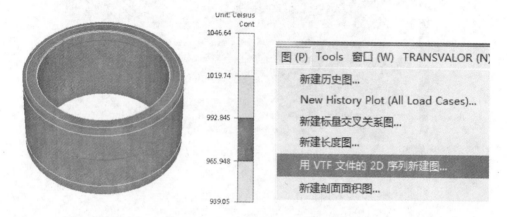

图 8-63   等值线图   图 8-64   图创建

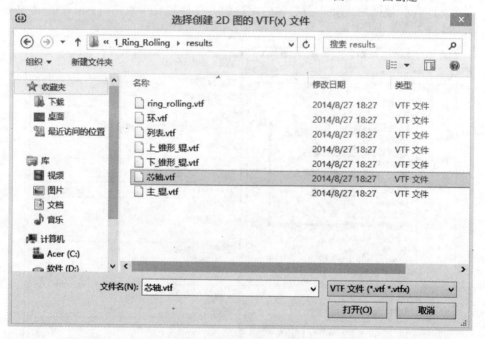

图 8-65   数据曲线文件夹

如果要导出图表的数据文件，可在如图 8-67 所示的界面上，单击鼠标右键，选择导出数据【Export Plot Data…】，如图 8-68 所示。在弹出的如图 8-69 所示的

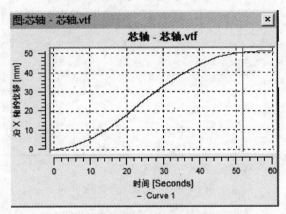

图 8-66 芯轴【X 值】、【Y 值】定义

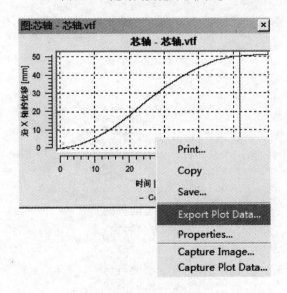

图 8-67 随时间变化的芯轴位移

图 8-68 导出数据命令

窗口中，选择好保存路径，单击【确定】，生成文本数据。在保存的路径下找到
导出的数据文件，通过记事本打开，如图 8-70 所示。

图 8-69 导出数据存储模式

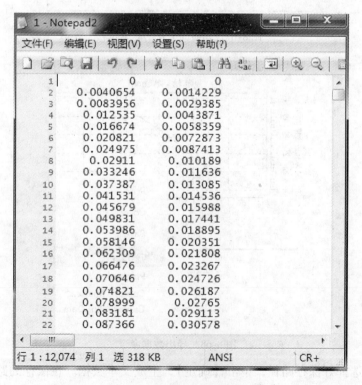

图 8-70 随时间变化的芯轴位移数据文件

复习思考题

8-1 辗环模拟前处理过程中，坯料的网格划分与一般模拟中的网格划分有什么不同？具体步骤是什么？

8-2 如何设置芯轴的移动速度？

8-3 如何设置并导出载荷-行程曲线及其数据文件？

9 冷冲过程模拟

本章通过一个2D模型，模拟冷冲压过程，重点学习2D模型构建及网格细化等功能。工件材料为100，温度20℃，冲压行程为40mm。如图9-1所示。

图9-1 冷冲落料

9.1 模型建立

9.1.1 创建新工程

打开 FORGE NxT1.0 主窗口，在前处理模块【GLPre】处，打开【新建工程】，选择 ▣ 新建工程，如图9-2所示，改【工程名称】为"冷冲垫圈"，然后点击【确定】。弹出新建模拟对话框，点击 Template mode |，选择 ◉ 2D only，然后选择"2D_冷_锻.tst"模拟模板，将【模拟名称】改为"冲孔"，如图9-3所示，点击【确定】进入前处理界面，如图9-4所示。

由于系统的"2D_冷_锻.tst"模拟模板只有3个对象，1个坯料，2个模具，而本模拟的板料冲压过程需要4个模具，故要增加2个模具。选择 ▣ 对象 栏，右击 ▣ 冲孔模拟，在其下拉菜单中选择【添加对象】，如图9-5所示，在弹出对话框中选择"2D_冷作模具.tot"，并在【副本数】框中输入2，如图9-6所示，单击【确定】即添加了2D冷作模具1、2，如图9-7所示。

图 9-2 新建工程窗口

图 9-3 新建模拟窗口

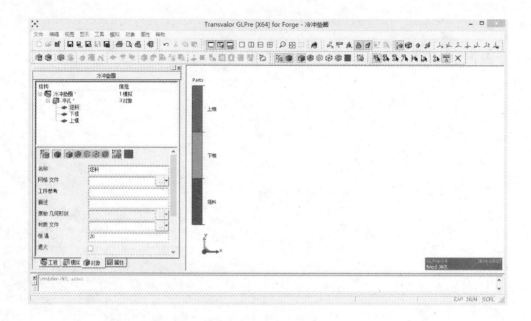

图 9-4   冷冲前处理界面

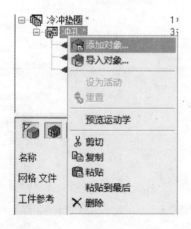

图 9-5   添加对象菜单

9.1.2   导入几何模型

（1）板料。进入 **对象** 栏，选择 **坯料** ，在【名称】栏将 "坯料" 改为 "板料"。如图 9-8 所示，单击【网格文件】中 **...** ，选择安装目录 Transvalor_Solutions \Forge_NxT_1.0\Data\Forging\Databases\English\Geometries\2D\Washer_forming\

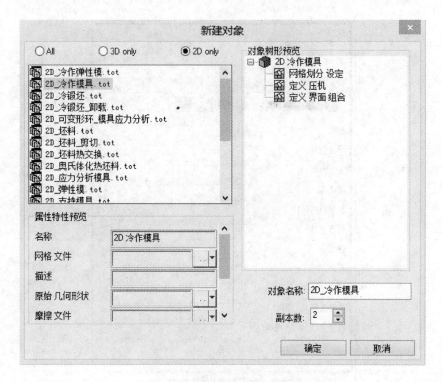

图 9-6　添加模具对象对话框

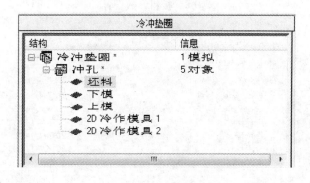

图 9-7　添加的冷作模具

sheet. igs，如图 9-9 所示，点击【打开】命令，导入板料几何文件如图 9-10 所示。

（2）下模。在 【对象】栏选择 下模，在【网格文件】项单击 浏览命令，仍然选择 "Washer_forming" 文件夹，打开 "Lower_die. igs"，导入下模文件，在工具栏上点击，对模具表面进行翻转，如图 9-11 所示。在软件系统中灰色面代表模具内表面颜色，由于模具与板料接触的面应该是外表面，所以应对其进行翻转。

图 9-8 板料参数设置

图 9-9 几何文件夹

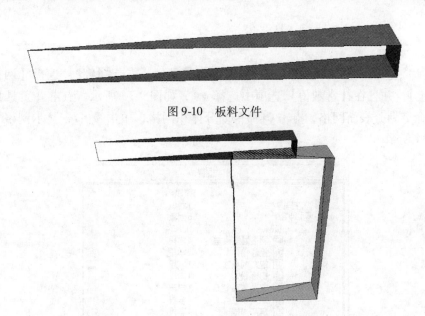

图 9-10　板料文件

图 9-11　板料和下模

（3）固定栓。在对象栏选择 ➡上模，在【名称】中将"上模"改为"固定栓"。在【网格文件】栏，点击 ┄ 浏览文件命令，在"Washer_forming"文件夹中选择"Pin. igs"文件，点击【打开】命令，导入后单击 ♣ 进行翻转调整。

（4）浮动模。在 ⬛对象 栏选择"2D 冷作模具 1"，将【名称】改为"浮动模"。在【网格文件】栏，点击 ■ 浏览文件命令，在"Washer_forming"文件夹中选择"Floating_die. igs"文件，点击【打开】命令，导入文件后，单击 ♣ 进行翻转调整。

（5）冲压模。在 ⬛对象 栏选择"2D 冷作模具 2"，将【名称】改为"冲压模"。在【网格文件】栏，点击 ■ 浏览命令，在"Washer_forming"文件夹中选择"Punch. igs"文件，点击【打开】命令，导入后单击 ♣ 进行翻转调整。

至此，模型文件已经全部导入，整体模型如图 9-12 所示。

注：对于二维面模具必须分清内外表面，在软件系统中内表面为灰色，导入模型后，如内表面（灰色）与坯料接触，则必须进行翻转，保证模具外表面与坯料接触。对于坯料由于要进行体积网格划分，故不须进行内外表面翻转。

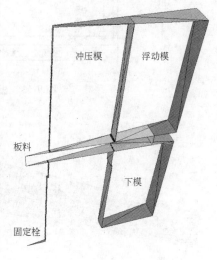

图 9-12　整体模型

9.1.3   网格划分

（1）整体网格划分。在 【对象】 栏，选择 【板料】，选择 【属性】，选择【网格划分设定】，并且在【常数值】选项中选择 ⦿细，如图9-13所示。点击【工具】栏中 ✦命令划分表面网格，点击 ◼命令划分体积网格，单击 ◼命令显示网格，如图9-14所示。

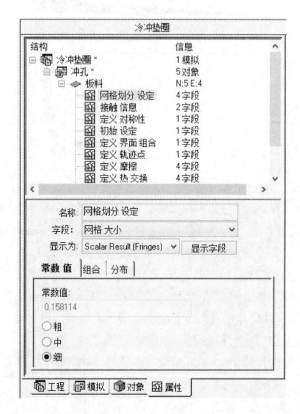

图9-13   板料网格划分设置

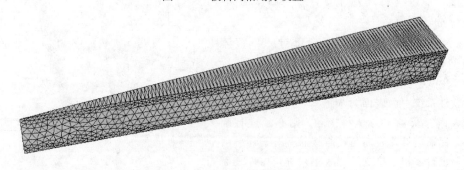

图9-14   板料实体网格划分

（2）局部网格划分。为了节省计算时间，同时保证计算精度，需在断裂区域进行局部网格细化。首先冲压模外径区域的网格区域要进行细化，在【网格划分设定】界面，选择【组合】选项，将默认值改为0.25，组合值为0.125，单击【添加】，如图9-15所示。然后选择【指定】，在弹出的设置对话框中定义网格细化框形状，选择【盒】，设置【长度】为1，【高度】为3，【X最小值】为6.1，【Z最小值】为-2，如图9-16所示。设置局部细化网格框，如图9-17所示。单击【应用】，然后单击【关闭】，单击图9-15中的【查看组合】，可看到板料网格局部细化区域，如图9-18所示。

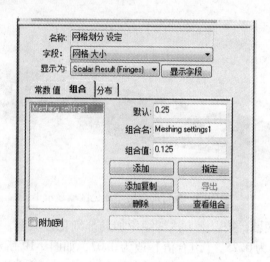

图9-15　设置网格细化标准1

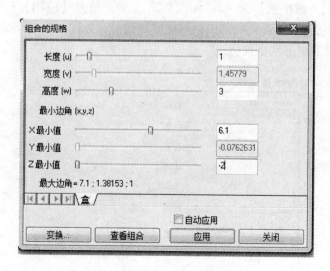

图9-16　设置网格细化框尺寸1

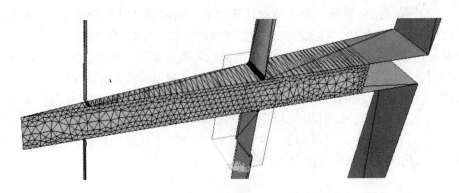

图 9-17　板料局部网格细化框 1

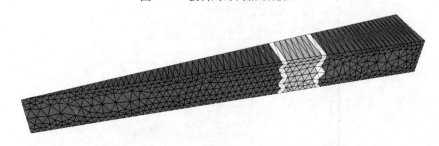

图 9-18　板料局部网格细化区域显示 1

在划分好的区域，按以上方法继续添加局部细化区域框，再次选择【添加】按钮，【默认值】为 0.25，【组合值】改为 0.07，如图 9-19 所示，单击【指定】，在弹出设置对话框选择【盒】，设置【长度】为 0.44，【高度】为 3；【X 最小值】为 6.4，【Z 最小值】为 -2，如图 9-20 所示，单击【应用】后关闭对话框。单击【查看组合】，可看到局部网格细化区域情况，如图 9-21 所示，此网格细化是前细化区域的局部网格细化。

常数值	组合	分布

Meshing settings1	
Meshing settings2	默认: 0.25
	组合名: Meshing settings2
	组合值: 0.07

添加	指定
添加复制	导出
删除	查看组合

☐ 附加到

图 9-19　设置网格细化标准 2

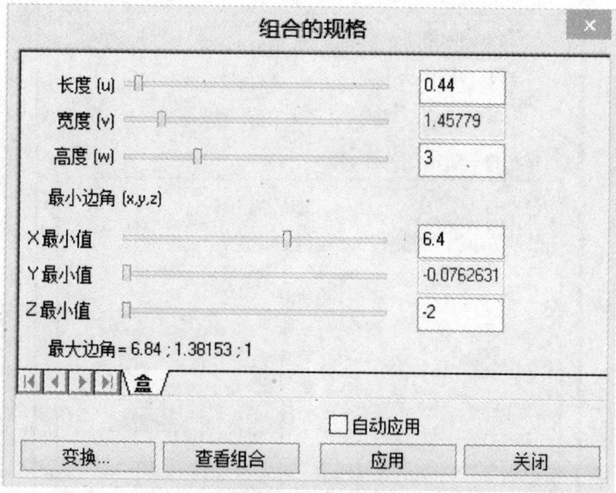

图 9-20 设置网格细化框尺寸 2

图 9-21 板料局部网格细化区域显示 2

其次对冲压模内径区域进行网格细化，操作方法同上，继续添加局部细化区域框，选择【添加】按钮，将【默认值】为 0.25，【组合值】为 0.125，如图 9-22 所示。单击【指定】，在弹出的设置对话框中选择【盒】，设置【长度】为 0.95，【高度】为 3；【X 最小值】为 1.19，【Z 最小值】为 – 2，如图 9-23 所示，单击【应用】后关闭对话框，单击【查看组合】，可看到局部网格细化区域，如图 9-24 所示。

按以上方法继续添加局部细化区域框，对此区域再次进行局部网格细化。依然选择【添加】按钮，【默认值】为 0.25，【组合值】改为 0.07，点击【添加】，单击【指定】，在弹出的设置对话框中选择【盒】，设置【长度】为 0.38，【高度】为 3；【X 最小值】为 1.45，【Z 最小值】为 – 2，单击【应用】后关闭对话框，单击【查看组合】，可看到局部网格细化区域情况，如图 9-25 所示。

点击【工具栏】的体积网格化图标 ▦ 重新进行体积网格划分。点击【显示字段】命令，板料整体网格与局部网格细化尺寸大小及区域如图 9-25 所示。

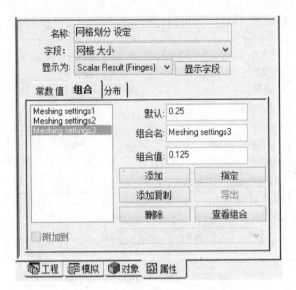

图 9-22　设置网格细化标准 3

图 9-23　设置网格细化框尺寸 3

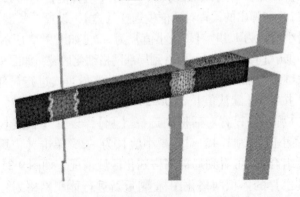

图 9-24　板料局部网格细化区域显示 3

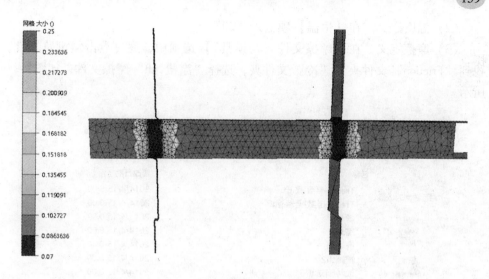

图 9-25　板料整体网格及局部网格细化区域显示

9.1.4　参数设置

（1）材料定义。在 ▣对象 栏选择 ▣ 板料，在【材质文件】选项中，通过 ▦ 浏览文件命令，打开"钢"文件夹，选择"C15.tmf"材料，如图 9-26 所示。

图 9-26　材质文件

（2）温度定义。在【恒温】项输入"20"。

（3）摩擦定义。在【摩擦文件（与模具）】选项中，通过点击 ⋯ 浏览文件，找到"Friction"文件夹下"冷"文件夹，选择"涂覆.tff"摩擦文件，如图9-27所示。

图9-27　摩擦文件

（4）热交换定义。在【热交换（与模具）】选项，点击 ⋯ 浏览文件，在"Exchange"文件夹下的"冷"文件夹中，选择"钢-高温-中.tef"热交换文件，如图9-28所示。

（5）设定损伤准则。由于板料冲压涉及断裂，因此模拟时需使用单元删除功能。该功能以破坏标准计算和触发值为基础，当某一单元内的损伤值达到触发值，单元被删除，即显示为断裂。在此例中，将修正的 Latham Cockroft 损伤值，定义为断裂触发值。

选择 ⬛对象，选择 ⬛ 板料，在【显示高级参数】中选择【全部可见】，勾选【损伤】，【触发值】改为0.6，如图9-29所示。点击【损伤文件】浏览按钮，进入"破坏临界"文件夹，选择"TSV_损伤_01.uvf2"，如图9-30所示，导入损伤准则文件。

在启用断裂依据"TSV_损伤_01.uvf2"文件时，为了计算和存储标准值，需要添加一个新用户变量属性。

图 9-28 热交换文件

图 9-29 损伤设置

图9-30　损伤准则文件

选择█板料，进入█属性█栏，选择【定义用户变量】，下拉菜单中选择【用户变量2】，如图9-31所示，再次选择"破坏临界"文件夹中"TSV_损伤_01. uvf2"文件。设置【参数指数】为3，如图9-32所示。

图9-31　用户变量

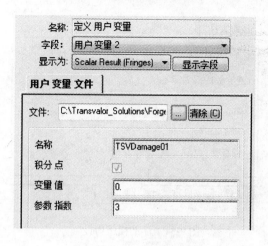

图 9-32　用户变量参数设置

9.1.5　模具参数设置

（1）浮动模。选择 <对象>，选择 ← 浮动模，选择 属性，点击 定义压机，在压机文件栏单击 浏览命令，选择"浮动模.tkf2"，如图 9-33 所示，单击【打开】。选择【Z 数据】栏，设置【Z 向力（T）】为 1，如图 9-34 所示，即浮动模将负载 1t 的力，作用在板料上。

图 9-33　浮动模压机文件

图9-34 浮动模压力设置

（2）冲压模。选择 ⬛对象，选择 ◆冲压模，选择 ▦属性，选择 ▦ 定义压机，在【压机文件】栏点击 ⋯浏览文件夹命令，选择"液压_机.tkf"设备，如图9-35所示。然后设置【初始高度】为 2mm，设置【最终高度】为 0mm，设置【方向】为 −z，设置【速度】为 100mm/s，如图9-36 所示。

图9-35 冲压模压机文件

9.1.6 计算参数设置

选择 ▦模拟，选择【存储模式】为"高度"，【高度存储步长】设为 0.025mm，

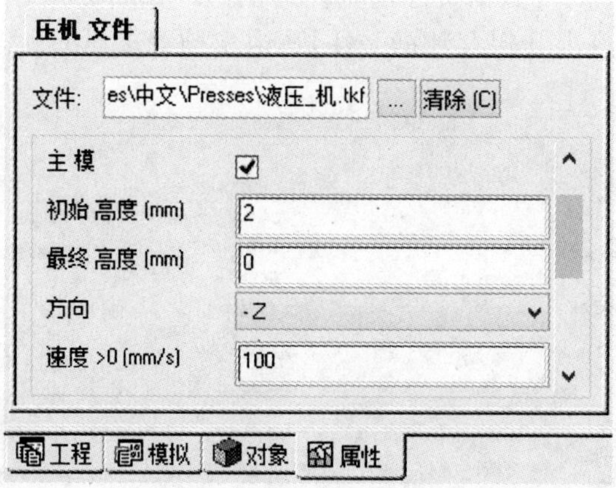

图 9-36　冲压模运动参数设置

【最终冷却】不勾选，在【显示高级参数】中选择"全部可见"，取消勾选【标记网格】和【工具计算（dr2 存储）】，如图 9-37 所示。

图 9-37　计算参数设置

9.1.7　检查及保存数据

所有参数都设置好后，在工具栏点击█图标进行保存，在弹出提示信息窗口中单击【确定】，弹出【数据文件预览】对话框，如图 9-38 所示，检查参数设置信息。确认无误后点击【保存数据文件】，退出前处理界面。

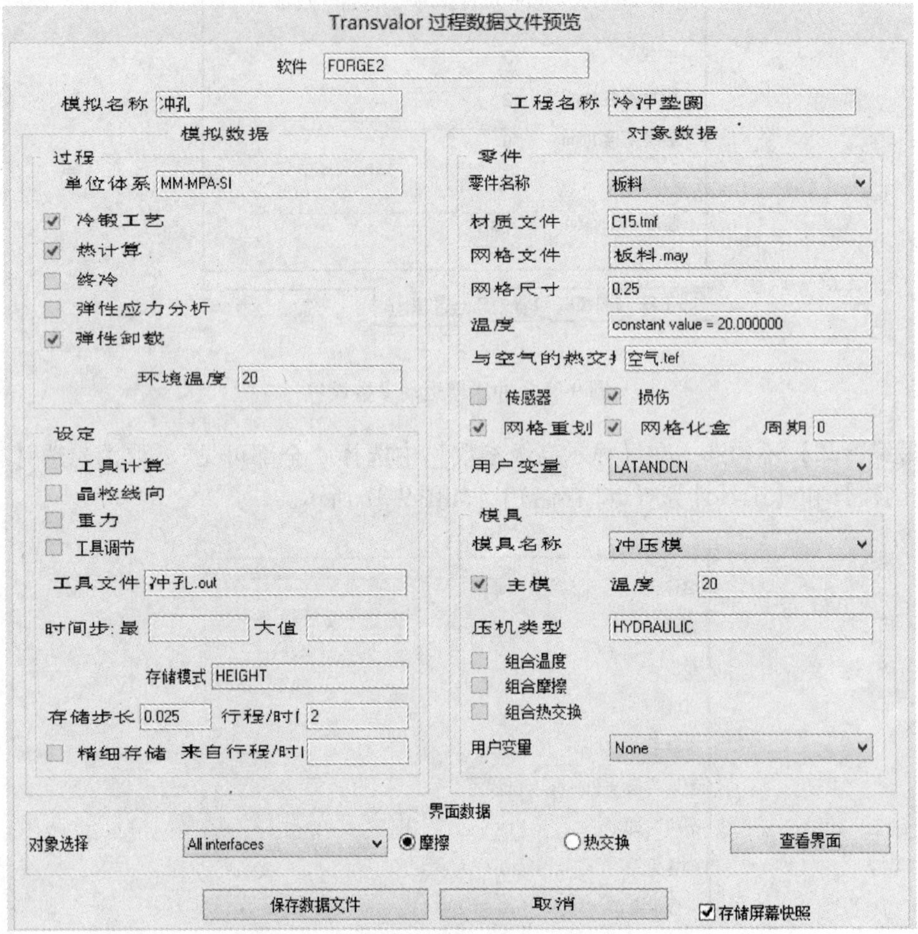

图 9-38 数据文件预览对话框

9.2 计算和后处理

9.2.1 生成计算文件

打开 FORGE 启动器，点击【当前工程】栏的浏览按钮 ，打开 C:\Transvalor_Solutions\Forge_NxT_1.0\Data\Forging\Databases\中文\Computations\冷冲垫圈.tsv\冷冲垫圈.tpf，如图 9-39 所示。然后在 1-冲孔处单击鼠标右键，选择【快速启动（未启动）】，如图 9-40 所示，在图 9-41 中单击【现在启动！】开始进行计算。

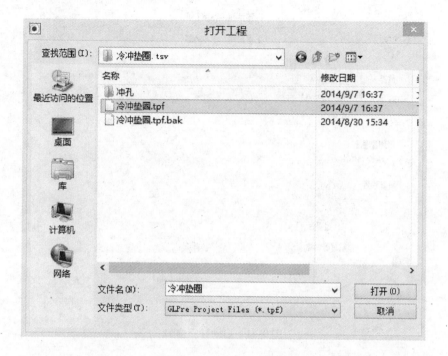

图 9-39 工程文件夹

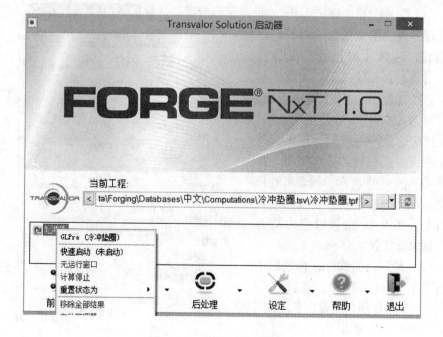

图 9-40 FORGE 启动器界面

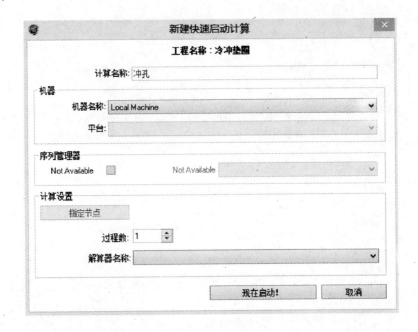

图 9-41 启动计算窗口

9.2.2 模拟结果分析

（1）云图分析。在 ☑1_冲孔 处单击鼠标右键，选择 GLview Inova (Piercing)，进入

后处理界面。隐藏模具，对板料进行镜像，选择【图】或【工作空间】，【重复】栏输入 23，如图 9-42 所示。在【标量】中【零件结果】下，双击【Z 向位移】，在【时间】中，依次选择冲压时间，即可获得整个冲压过程板料的位移情况，如图 9-43 ~ 图 9-45 所示。同理可选择温度场、应力-应变场、速度场等进行分析，图 9-46 为等效应力场分布，镜像重复数为 41。

（2）冲压力曲线。在标题栏中的【图】下拉菜单中，选择【用VTF 文件的 2D 序列新建图】，如图 9-47 所示，在弹出窗口中打开"冲压机 . vtf"文件，如图 9-48 所

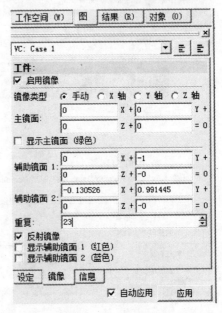

图 9-42 启用镜像命令

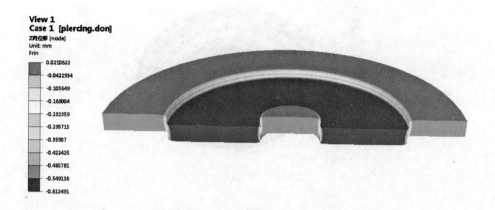

图 9-43　沿冲压方向位移（25s）

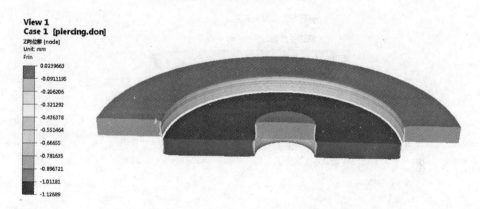

图 9-44　沿冲压方向位移（45s）

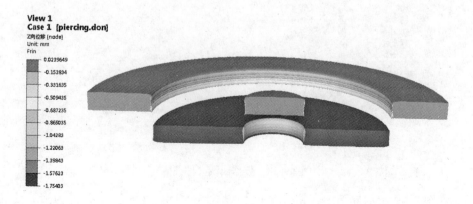

图 9-45　沿冲压方向位移（70s）

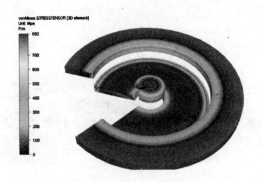

图 9-46　等效应力分布

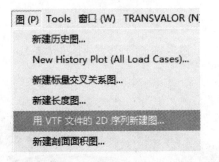

图 9-47　新建图命令菜单

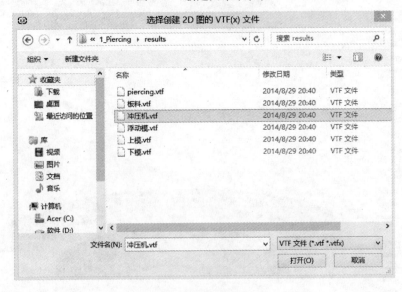

图 9-48　数据曲线文件夹

示。在图 9-49 所示界面中，将【X 值】设置为时间，【Y 值】设置为沿 z 轴的力，即可得出随时间变化的冲压力曲线，如图 9-50 所示。

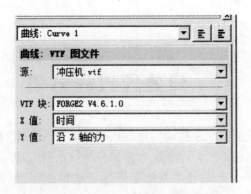

图 9-49　定义曲线的【X 值】、【Y 值】

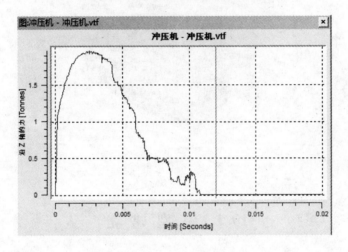

图 9-50　随时间变化的冲压力曲线

复习思考题

9-1　冷冲前处理中为什么要对模具翻转方向？

9-2　前处理中如何设定损伤准则及其重要性？

10 热处理过程分析

塑性加工过程数值模拟包括成型过程金属流动行为和微观组织演变模拟，因此本例通过对壶形钢件的水淬过程进行模拟分析，来研究冷却过程中发生的微观组织演变过程、温度分布、硬度变化等问题。水淬壶形钢件，如图 10-1 所示。其中工件材料为 C50，初始温度为 900℃，冷却方式为水冷，冷却时间为 3600s。

图 10-1　壶形钢件

10.1 模型建立

10.1.1 创建新工程

打开 FORGE NxT1.0 主窗口，通过前处理模块【GLPre】，打开【新建工程】，选择 新建工程，定义【工程名称】为"淬火"，如图 10-2 所示，点击【确定】。在模拟对话框中点击 Template mode 并选中 ⦿ 3D only，选择"3D_退火 . tst"模拟模板，【模拟名称】改为"水冷"，如图 10-3 所示，点击【确定】进入前处理界面，如图 10-4 所示。

10.1.2 几何模型

进入 对象 栏，选择 坯料，单击【网格文件】中 ，选择安装目录下 Transvalor_Solutions \ Forge_NxT_1. 0 \ Data \ Forging \ Databases \ English \ Geometries \ 3D \ Quenching \ Part. may，如图 10-5 所示。在热处理部分，几何模型只有坯料，而本例中直接导入的是钢件的体积网格模型文件，因此无需再次进行网格划

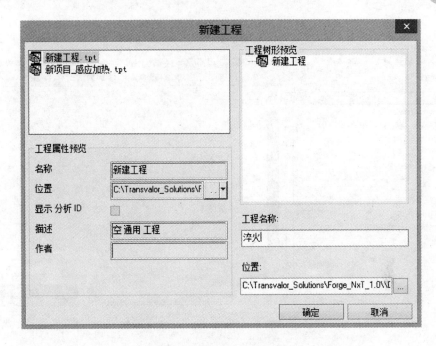

图 10-2　新建工程对话框

图 10-3　新建模拟对话框

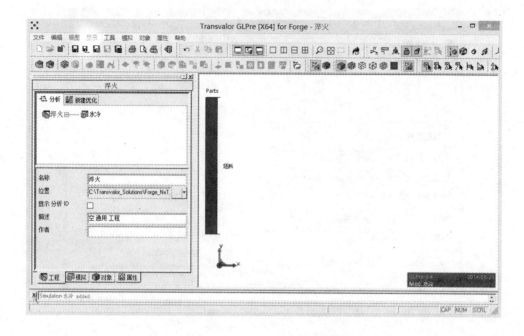

图 10-4   淬火前处理界面

图 10-5   几何模型文件

分，点击💮显示网格，如图 10-6 所示。

图 10-6　壶形钢件网格模型

10.1.3　钢件参数设置

在 对象 栏选择 ➡ 坯料 ，在【显示高级参数】项中选择"全部可见"，定义壶形钢件淬火的基本参数。

（1）材料定义。在【材质文件】项中，单击 ⋯ 浏览文件，在"Materials"中打开"TTT"文件夹选择"C50_TTT. tmf"材料属性文件，如图 10-7 所示。

注：此处的 TTT 文件夹中的文件均为系统自带材料属性文件。如系统中没有，需要通过【前处理】中【工具】项的【TTT Diagram Generator】，生成需要的材料属性文件，即 TTT. tmf 文件，如图 10-8 和图 10-9 所示。

图 10-7　材料属性文件

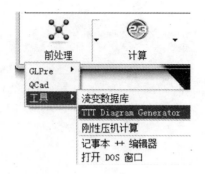

图 10-8   工具下拉菜单

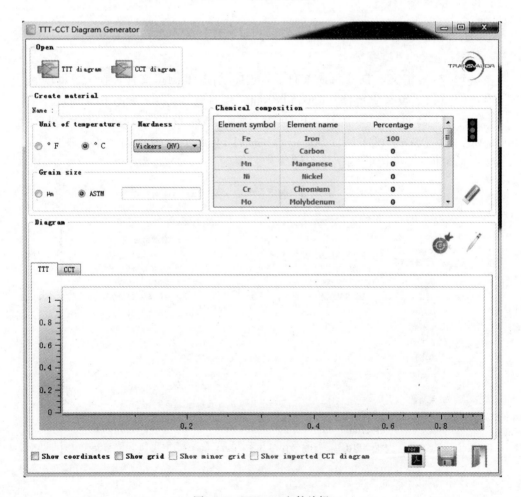

图 10-9   TTT. tmf 文件编辑

（2）温度定义。在【恒温】选项栏输入"900"，弹出确认对话框提示窗口，如图 10-10 所示，点击确定。

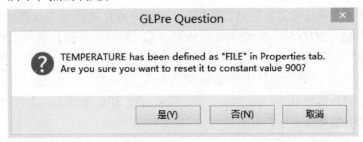

图 10-10　温度确认对话框

（3）热交换定义。在【显示高级参数】选项中，将【热交换系数模式】选择为"常数"，在【热交换系数】中输入 4000，【发射模式】选为"常数"，【发射】栏输入 0。其他保持默认，如图 10-11 所示。

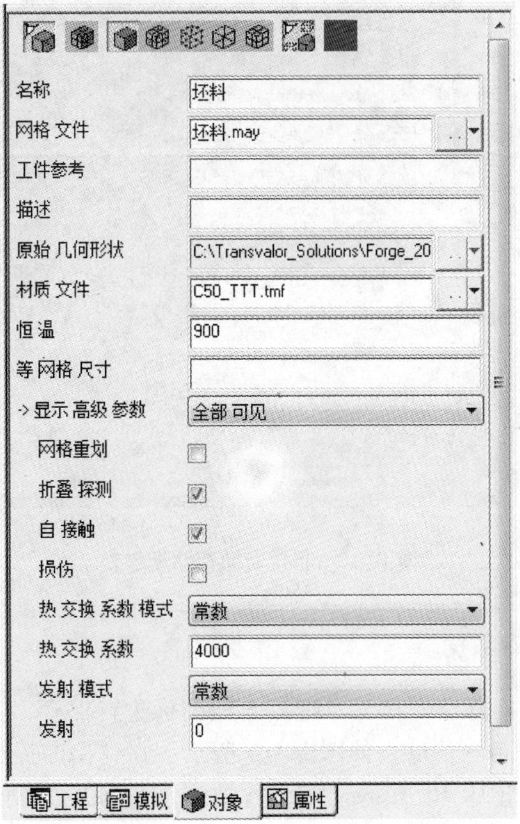

图 10-11　壶形钢件参数设置

10.1.4　计算参数设置

选择 🗎模拟进行计算参数设置，【显示高级参数】选择为"全部可见"，【冷却时间】栏输入3600，即冷却时间为3600s。【时间存储步长】输入120，即每冷却120s存储一步。【环境温度】输入50。【温度差】输入5。【最大温度步长】为10。在【指定时间存储】中单击▧浏览命令，在弹出的设定表格中输入指定存储时间，输入值为0.5、1、2、3、4、5、6、8、10，如图10-12所示。设置完成后的计算参数如图10-13所示。

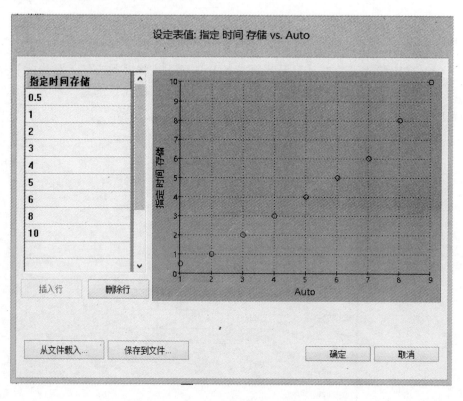

图10-12　指定时间存储设定表

10.1.5　检查及保存数据

所有参数都设置好后，在工具栏点击🖫图标进行保存，在弹出提示保存路径的窗口中单击【是（Y）】，如图10-14所示。在弹出的提示完善信息窗口中单击【确定】，如图10-15所示。弹出【数据文件预览】对话框，如图10-16所示，检查参数设置信息。确认无误后点击【保存数据文件】，退出前处理界面。

名称	水淬
描述	3D 退火
单位	mm-MPa-SI
存储 模式	时间
时间 存储 步长	120
冷却 时间	3600
·> 显示 高级 参数	全部 可见
环境 温度	50
固定 刚性 机身 运动	☑
指定 时间 存储	表格预览 ...
细 存储 开始 时间	
温度 差	5
最小 温度 步长	
最大 温度 步长	10

🖥工程 📄模拟 📦对象 🎛属性

图 10-13　总体参数设置

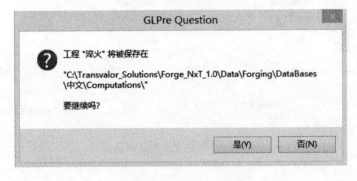

GLPre Question

工程 "淬火" 将被保存在

"C:\Transvalor_Solutions\Forge_NxT_1.0\Data\Forging\DataBases\中文\Computations\"

要继续吗?

是(Y)　否(N)

图 10-14　提示保存窗口

GLPre Info

Information for simulation 水冷
****
Specific Storages: 9 additional times will be stored too

确定

图 10-15　提示完善信息窗口

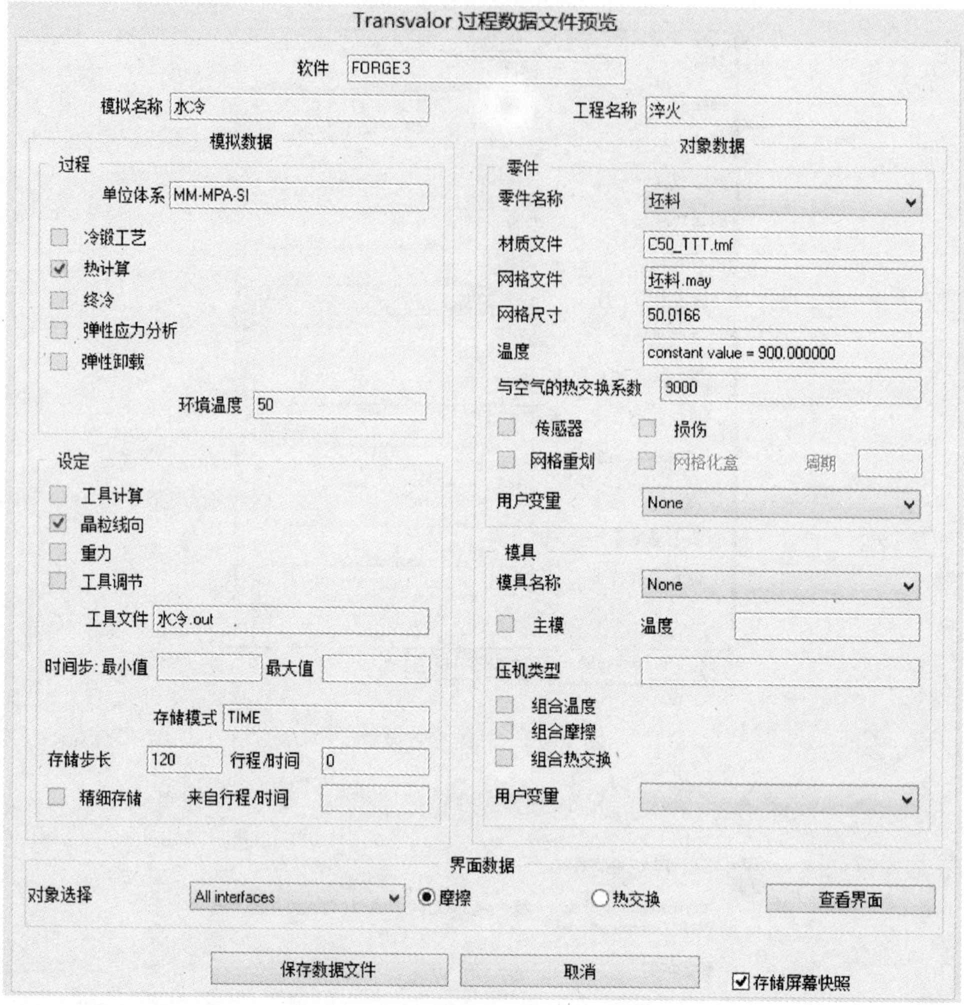

图 10-16   数据文件预览对话框

10.2   计算和后处理

10.2.1   生成计算文件

打开 FORGE 启动器，点击【当前工程】栏的浏览按钮 ，打开前处理保存的"淬火.tpf"文件。然后在 ↶ 1水冷 处单击鼠标右键，在下拉菜单中选择【快速启动（未启动）】，如图 10-17 所示，弹出启动计算窗口，如图 10-18 所示，然后单击【现在启动！】开始进行计算。

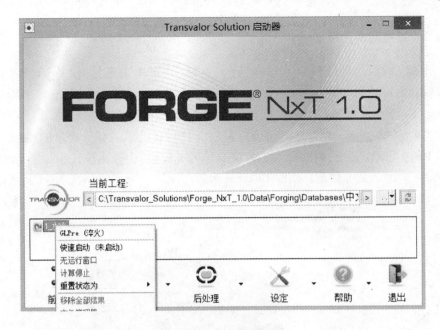

图 10-17 启动器界面

图 10-18 启动计算窗口

10.2.2　模拟结果分析

计算完成后，任务栏中图标变为 ☑1_水淬，右键单击选择【GLview Inova】，进入后处理模式。

选择 结果 (R) 栏，选择【标量】，打开 ⊞零件结果（高级）菜单，双击 ▁■奥氏体比例 [3D element]，选择时间步长为 11，此时奥氏体的百分含量的模拟结果如图 10-19 所示。在 ⊞零件结果菜单中双击【名义位移】，选择步长 45，显示出冷却 3600s 时的名义位移量，如图 10-20 所示。

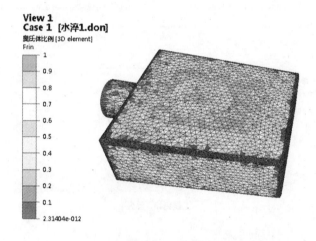

图 10-19　奥氏体分布

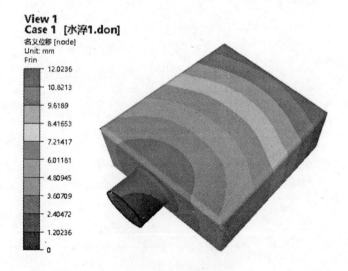

图 10-20　名义位移分布

新建两个交叉切割面，来显示壶形钢件温度及硬度。在 对象 (0) 栏中右键单击【切割面】，在下拉选项中选择【新建切割面】，如图 10-21 所示。在切割面菜单中选择【法向】，【云纹标量】里选择【温度】，将游标移动到所需位置，如图 10-22 所示，单击【应用】。继续在 对象 (0) 栏中右键单击【切割面】，在下拉选项中选择【新建切割面】，即以相同的方法再次建立切割面，在切割面菜单中选择【柱向】，【轴】改为（0，1，0），将游标移动到所需位置，在工具栏中单击 显示为点，得到壶形钢件的温度分布，如图 10-23 所示。

以相同的方法，将【云纹标量】选为"Hardness"，可得到如图 10-24 所示的壶形钢件淬火的硬度分布。

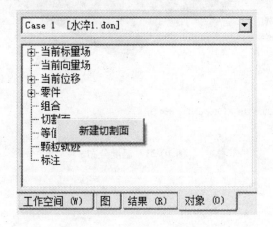

图 10-21　新建切割面命令

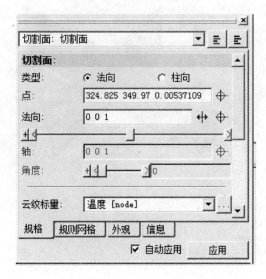

图 10-22　切割面规格栏

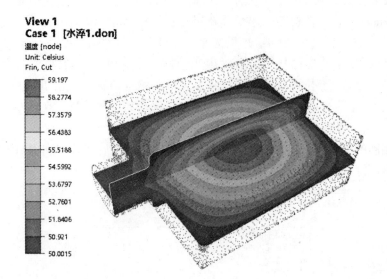

图 10-23   温度分布

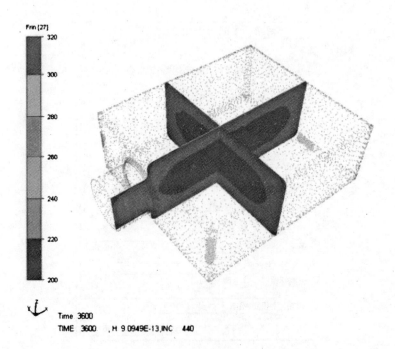

图 10-24   硬度分布

复习思考题

10-1 如何定义材料的 TTT 曲线？

10-2 热处理模块可以模拟哪些工艺？

10-3 在后处理界面可以观察哪几种组织的结果？

参 考 文 献

[1] FORGE 2011 手册．

[2] 中国锻压协会．锻造工艺模拟[M]．北京：国防工业出版社，2009．

[3] 运新兵．金属塑性成形原理[M]．北京：冶金工业出版社，2012．

[4] 俞汉清，陈金德．金属塑性成形原理[M]．北京：机械工业出版社，1999．

[5] 胡建军，李小平．DEFORM-3D 塑性成形 CAE 应用教程[M]．北京：北京大学出版社，2010．

[6] 曾攀．有限元分析及应用[M]．北京：清华大学出版社，2004．

[7] 董怀湘．材料成形计算机模拟[M]．北京：机械工业出版社，2005．

[8] 李尚健．金属塑性成形过程模拟[M]．北京：机械工业出版社，1999．

[9] 张丽，李升军．DEFORM 在金属塑性成形中的应用[M]．北京：机械工业出版社，2009．

[10] 黄东男，李静媛，张志豪，谢建新．方形管分流模双孔挤压过程中金属的流动行为 [J]．中国有色金属学报，2010，20(3):954~960．

[11] 张志豪，谢建新．挤压模具的数字化设计与数字化制造[J]．中国材料进展，2013，32(5):292~299．

[12] 刘桂华，任逊升，徐春国．辊锻三维变形过程的数值模拟研究[J]．塑性工程学报，2004，11(3):89~92．

[13] 何祝斌，初冠南，张吉．锻造技术的发展——从前 8 届国际塑性加工会议看锻造技术的发展[J]．塑性工程学报，2008，15(4):13~17．

[14] 王仲仁．从历届国际塑性加工会议看材料加工技术的发展[J]．世界钢铁，2009(6):27~35．

[15] 王仲仁，滕步刚，汤泽军．塑性加工技术新进展[J]．中国机械工程，2009，20(1):109~112．